飯店 策略管理

U0075148

鄒益民、周亞慶◎著

目　錄

導論

21世紀，飯店經營進入了「策略致勝」的時代。有關調查表明，90%以上的企業家認為「最佔時間、最為重要、最為困難的事就是制訂策略規劃」。飯店經營是一系列策略決策的結果，透過策略管理，飯店可以選擇自己在經營活動中正確的策略組合，從而更好地發揮自己的競爭優勢，以謀求企業的持續發展。而要有效實施策略管理，必須瞭解策略的含義，明確策略管理的目標，掌握策略管理的框架和基本工具。

一、飯店策略的含義

何謂企業（飯店）策略，至今還沒有一個大家公認的、統一的定義。

根據上述關於策略的解釋，筆者認為，飯店策略是指飯店為了在市場競爭中保持或提高其競爭力，在對外部環境和內部條件分析的基礎上，所確立的實現使命目標的各種策略方案及經營策略的組合。

二、飯店策略管理基點問題

策略管理基點問題亦即策略管理的根本性問題。波士頓諮詢公司（BCG）一直倡導：如果沒有策略指導，即使出現機遇，也常常會與其失之交臂。要有策略指導，就必須先弄清楚策略管理是什麼，也就是明確策略管理基點問題。策略管理基點問題主要涉及三個層面，即如何定位（方向），如何實施（方法），由誰負責（「方丈」）。策略管理基點問題是作為一個整體存在的，三個層面具有不可分割性。

（一）方向——如何定位

方向即做正確的事情，明確使命目標。在策略思考中，方向正確是前提，否則一切努力都是枉然，而且很有可能越走越遠，糾正越來越難。只有明確了飯店的使命和任務，即飯店發展的方向和領域，才能保證飯店內部成員對飯店的未來發展有一致性認識，從而一起行動。

飯店策略的方向是飯店總體的、全局的、系統的、綜合的、長遠的、連貫的方向。飯店方向的確定需要思考三個方面的問題：一是透過外部環境分析明確「可做什麼」。由於飯店企業處於複雜的經濟、政治、社會、技術、法律環境中，某一環境變量的變化，對一特定組織可能產生重大影響，因此企業必須分析影響策略制訂的關鍵外部環境要素，如哪些環境變量會給企業帶來機會，哪些環境因素則會給企業帶來威脅。二是透過自身條件剖析明確「能做什麼」，即考察飯店企業所具有的優勢和存在的不足。認清企業的現狀是制訂策略的出發點之一，一個不立足於實際運作狀況的飯店，是難以確認長遠發展方向的。三是透過企業使命探析明確「想（敢）做什麼」，然後決定「如何定位（定目標、定領域、定位置、定形象）」。

（二）方法——如何實施

方法（途徑）即正確地做事情，也即飯店如何把握方向的問題。「行甚於知」，知方向後，飯店經營者就面臨運作方式抉擇問題。因此，確定方向之後，還得有一系列的方法來保證實施，否則方向只能懸在空中。方法考慮的是飯店如何有效配置資源達到目標的問題。方法的選擇是動態權變的，是多元的，而不是靜止和唯一的。方法涉及飯店策略全過程：

既要考慮策略設計的方法，也要考慮進化策略實施、策略控制

的方法。

1.方案選擇

飯店策略決策者應儘可能多地考察可供選擇的方案。可供選擇的方案越多，策略決策的成功率就會越高。尋求解決問題的方法是一個具有創造性的過程，需要具有不同背景和受過不同訓練的人聚集在一起，集思廣益，創造出新的備選方案。每一個方案都有利弊，飯店策略決策者首先要建立一套有助於指導、檢驗、判斷方案正確性的評價體系，按評價體系進行評價打分，對每一個備選方案可能產生的結果進行預測，比較各方案的優劣。在綜合評價的基礎上，提出候選方案。科學策略決策遵循的是滿意準則，即：能確保主要目標得以實現、次要目標得以兼顧的滿意方案就是可行的選擇。

2.策略評價

飯店企業制訂好策略後，需要將策略轉化為具體的行動。在飯店策略的實施過程中，需要實時地進行評價、監控與指導，應對各種突發情況，並及時採取必要的調整措施。有效的策略評價，不但需要分析策略是否按原計畫在實施，而且需要分析策略是否取得了預期的效果。

這一切並不是要等到策略實施完畢之後才進行，而是與策略實施過程同步進行的。因此，飯店企業在進行策略評價時，必須要能夠獲得及時、精確的資訊。策略評價的重要基礎是要明確需要測評哪些內容，或者說企業的業績如何衡量。選擇哪些測評指標衡量企業的業績，取決於企業的使命與目標。需要特別指出的是，企業的業績評價體系必須能客觀地評估各種策略實施的效果，從而為企業長期成功與採取合適的糾正措施提供必要的基礎。

3.策略控制

策略控制是對策略制訂、實施的過程及其結果進行適當的監控，以確保所制訂的策略能有效執行並取得預期成果，即透過確定評價內容，建立業績標準，衡量實際業績，並將實際獲得的業績與預期目標進行比較以發現策略制訂或實施過程中的問題，從而採取糾正行動。策略監控要求飯店企業始終能確保策略方向的正確性，並且能高效地運行。同時強調開放性、全局性、穩定性與靈活性的統一：第一，策略活動過程必須考慮外部環境的變革與影響，即策略控制是開放性的；第二，策略監控是對策略實施過程的整體評估，所依據的標準是企業的使命與總體目標；第三，策略監控既要保證策略實施的穩定性，又要對策略變革進行管理，具有適度的靈活性。

（三）「方丈」——由誰負責

「方丈」即領導者，必須負責正確地做正確的事情。飯店策略基本上是由飯店領導者作出並組織實施的。策略管理是一個完整的體系，領導者不要做「理論的巨人、行動的矮子」，僅僅關注「如何定位」而忽視或輕視「如何實施」和「由誰負責」，以至於策略成為「海市蜃樓」。

因此，「方丈」要努力促使策略執行主體間加強溝通、積極協調，達成上下共識、精誠合作，從而形成飯店企業高度的執行力。

一般來說，實施飯店策略，「方丈」需要認真思考以下主要問題：

1．誰來實施策略

一個要付諸實施的策略應認真考慮下列問題：由哪些人來實施策略規劃？需要完成哪些任務？每項任務由誰負責？很多在理論上看非常完美的策略往往由於缺乏實施的人而流產。

實際上，無論何種策略，其實施者涉及企業裡各個層級的人，

大到一個飯店集團的總裁，小到一個職能部門的一線員工，都須以某種方式參與到飯店總體策略、經營單位策略與職能策略的實施過程中。

2 · 組織如何變革

組織結構作為實現策略目標而進行的各種分工和協調的系統，可以平衡組織內專業化與整合兩個方面的要求，運用集權與分權的手段對策略經營活動進行組織和控制。為了實施既定的策略，組織結構需要作出變革，即要對現行組織進行相應的設計與調整，以實現組織結構與策略的相互匹配。在策略實施中，究竟應該採取何種組織結構，關鍵取決於企業的具體條件和策略的類型等要素，須以權變、動態的觀點看待策略與組織的匹配問題。

3 · 文化如何完善

在策略管理中，優秀的企業文化有助於形成員工的共同信念，統一員工的行為，促進企業策略的有效實施。但是，由於企業文化的連續性，往往很難針對新制訂的策略作出及時變革，因此，需要在策略實施中不斷完善。同時，要使企業文化真正成為企業經營活動和員工行為的指南，也需要領導者的有效管理。

4 · 資源如何配置

資源，尤其是稀少性資源，在不同的業務範圍和職能領域如何進行分配是策略實施的一個關鍵問題。在任何組織內，第一流人才是最稀少的資源。因此，企業必須把人才當作資產看待，用發展的眼光來確定如何分配人力資源，並詳細評估人才的使用結果。

5 · 制度如何優化

在策略實施過程中，還必須以企業的制度保證為基礎。因為一方面也許所有員工都知道策略的重要性，但不知道如何去運作，這

就需要用具體的實施步驟和操作程序指導所有員工如何去做；另一方面也不可能寄希望於所有員工會有實施現行策略的主觀能動性，從組織的角度看，必須透過制度改變來保證員工的積極行為與策略的有效實施。

三、飯店策略管理框架

策略管理是飯店經營者的連續決策過程，以確保實現組織使命與目標。

本書的體系結構是：第一章，飯店環境條件分析。主要從宏觀環境把握、行業環境分析及對自身條件的認識等方面進行闡述。第二章，飯店策略的總體定位。主要從飯店企業使命、飯店策略目標和飯店企業形象的選擇等方面進行分析。第三章，飯店發展策略精選。

主要論述飯店的擴張性策略、集團化策略和品牌經營策略的基本思想和方法。第四章，飯店競爭策略抉擇。主要從競爭理念的確立、競爭地位的決策和競爭策略的選擇等方面進行比較全面的分析。第五章，飯店員工的心態管理。主要從心態的認知、情感和態度這三個要素的角度，提出保證策略執行的基本要求。第六章，飯店的機制建設。主要從飯店的產權制度、組織結構和企業規制三個方面進行基本的論述。第七章，飯店快樂工作管理。主要對快樂工作的管理理念、工作氛圍和管理平臺等方面進行思路性的探索。

四、飯店策略分析工具

要科學制訂飯店策略，必須掌握基本的策略分析工具。在此，我們介紹三種常用的策略分析工具：

（一）價值鏈模型

價值鏈模型是麥克·波特（Michael E.Porter）1985年在《競

爭優勢》一書中提出的，波特運用價值鏈模型剖析了企業內部的各種價值活動，深入探討了企業競爭優勢的來源與獲得方式。波特認為，企業的價值創造活動可劃分為基本活動與輔助活動兩大類，企業所有的互不相同又相互關聯的生產經營活動，構成了創造價值的整個動態過程。基本活動指企業中與產品生產、銷售、進貨、發貨及售後服務有關的活動，這些活動與產品實體的加工流轉直接有關，是企業的基本增值活動。基本活動一般可細分為內部後勤、生產作業、外部後勤、市場營銷、售後服務等五種活動。輔助活動指用以支持基本活動完成產品增值的活動，一般可分為四類：採購、技術開發、人力資源管理、企業基礎設施。這兩大類價值活動對企業獲得成本優勢和特色優勢有著極其重要的作用，同時每一種活動又可以根據不同企業的狀況進一步加以細化。

波特指出，為了獲得相對於競爭者的競爭優勢，企業必須以相對較低的成本完成這些活動或者以獨特的方式完成類似活動，從而獲得更多的價值。飯店企業為了增強自己的實力，有必要根據價值鏈的一般模型建構具有自身特色的價值鏈，並將每一項活動進行分解，以發現占用產品主要成本的關鍵活動。而且，透過比較行業中不同企業間的價值鏈，可以發現競爭企業之間的相對價值差異，從而採取有針對性的措施，消除企業內部存在的劣勢。

飯店要非常客觀地評價自身的資源與能力優劣勢是非常困難的。在評價自身的內部條件時，常常會沉湎於過去的業績與成功之中難以自拔。為了正確評估飯店企業的資源與能力水平，價值鏈模型所運用的活動成本分析方法是較為有效的。它要求飯店經營者認真地剖析自己的主體活動與支持活動，從不同面分析飯店的資源與能力狀況。為此，必須要對各項活動的優勢與劣勢進行相應的量化，這樣才可以與主要競爭者進行比較。應該說，為了建構與保持自己的競爭優勢，「高標定位」是一種重要的工具，它透過與某項價值活動的最優績效者進行比較，以評價與提升自己的能力。一般

來說，「高標定位」包括下列步驟：

(1) 明確飯店內部有改進潛力的活動或薄弱的環節。

(2) 確定一家飯店，它是該項活動的世界級領先者。

(3) 進行相關數據比較，分析績效差距的深層原因。

(4) 運用從最優績效者處學到的經驗、知識或能力。

根據標竿企業的做法，重新設定業績目標與業務流程，並透過內部資源與能力的重新配置，努力成為該項價值活動的業績領先者。

（二）SWOT矩陣

SWOT矩陣是一種系統分析外部環境中的機會與威脅，以及內部環境中的優勢與弱點的框架，是一種綜合考慮與評價飯店外部環境與內部條件的各種關鍵策略要素，從而選擇合適經營策略的分析工具。其中，S指飯店內部的優勢（Strengths），W指飯店內部的弱點（Weaknesses），O指飯店外部環境中的機會（Opportunities），T指飯店外部環境中的威脅（Threats）。內部優勢與弱點分析側重於飯店自身實力與主要競爭者的比較，而機會與威脅分析則側重於外部環境的變遷及其對飯店現有與潛在的影響上。內部優勢與弱點和外部機會與威脅是密切聯繫的，外部環境的某種變化對於具有某種特殊競爭力的飯店企業可能是一種好機會，而對於某些飯店則可能是致命的威脅。飯店企業的內部優勢與弱點是相對於競爭者而言的，主要表現在飯店的資金、技術、專用設備、員工素質、品牌、商譽、管理技能等方面。飯店企業外部的機會是指環境中對飯店有利的因素，如市場增長迅速、新技術的運用、政府的有力支持、顧客的忠誠度高、與重要供應商的關係密切等。飯店企業外部的威脅是指環境中對企業不利的因素，如市場萎縮、政府的干預、強有力的競爭者進入、顧客偏好改變、供應商的

討價還價能力強、技術落後等。SWOT分析根據飯店企業的使命與策略目標，從內外部環境中找出對企業長期生存與發展起決定作用的關鍵策略因素，根據各個要素的相對重要性給予一個合適的權重，然後進行加權求和，得出關於企業相對經營優勢的評價結論，並據此選擇合適的策略。

根據企業內外部環境的不同狀況，SWOT矩陣為企業提供了四種可供選擇的策略，即SO策略、ST策略、WO策略、WT策略。

（三）策略聚類模型

策略聚類模型是一種可用於指導飯店總體策略選擇的工具。

該模型的橫坐標是企業的競爭地位，縱坐標是市場成長率。飯店企業應結合競爭的優劣勢情況與外部市場的增長態勢，選擇適合自身發展的策略。

位於象限Ⅰ的企業有四種策略可以選擇。在迅速增長的市場環境中，弱小企業也往往可發現有利的位置。因此，首先可以選擇的策略是重定集中策略，在剖析現行競爭策略弱點的基礎上，考慮如何透過重新選擇策略以成為現有領域的強有力競爭者。如果企業自身無法獲得具有競爭力的成本效率，可考慮橫向一體化，與本行業或其他行業中有資源的企業合併。如實在無法增強競爭地位，則可考慮退出該業務領域。具有多種業務的飯店企業則採取分離策略，分出耗費大、收益低的業務，將回收的資金用於發展其他有利可圖的業務。如經營失敗，可採取清理策略。

在象限Ⅱ中，企業處於迅速增長的市場中，同時具有較強的競爭地位，一般適宜採取集中策略經營其現有業務，不宜輕易轉移其當前的競爭優勢。如果資源有剩餘或企業競爭地位並沒有達到企業的預期，企業可考慮採取縱向（垂直）一體化策略，無論前向一體化還是後向一體化都有助於保持其利潤水平與市場份額。

處於象限Ⅲ的企業因為所在行業沒有吸引力，應將過剩的資金轉移到其他經營領域，實行多種經營。如在利用原有的部分經營優勢的基礎上，進行同心多元化經營；也可以進行聯合型多元化經營，以分散投資風險，同時保持對現有業務領域的重視；國內飯店企業也可以透過合資經營的方式，在有前途的新業務領域獲取新的競爭優勢。

　　位於象限Ⅳ的企業競爭地位較弱且市場增長緩慢。可考慮採取的策略類型包括：修改現有的競爭策略，扭轉企業的現狀，改變企業的競爭地位；壓縮策略撤出的資源最少，而企業仍集中於現有的優勢業務領域；同心型和聯合型多種經營策略，可能使企業獲得新的競爭優勢；在繼續經營毫無希望的情形下或能找到合適的買主，企業應把經營不善的業務轉讓或採取清理策略。

第一章 飯店環境條件分析

導讀

　　飯店策略決策的基礎在於弄清前，即對提出、評價與選擇各種策略方案所依據的資訊進行論證。一般來說，策略決策的前提分析包括兩個基本方面，即外部環境和內部條件。外部環境，是影響企業可以做什麼的因素或變量；內部條件，是決定企業能夠做什麼的因素或變量。本章第一節，在闡述宏觀環境構成因素的基礎上，提出把握宏觀環境變化的基本思路，並分析中國飯店所處的環境。第二節，根據波特的五種競爭力量模型，闡述飯店行業環境分析的基本原理。第三節，主要分析決定飯店競爭力的五個基本要素。

第一節 宏觀環境預測

　　飯店策略管理的目的是使飯店的經營活動適應經營環境的變化，達到經營環境、經營條件和經營目標的有機統一。所以，飯店的策略管理要科學有效，首先就必須認識和分析飯店的宏觀環境。

　　一、宏觀環境的構成

　　宏觀環境因素一般由政治環境、經濟環境、社會文化環境與技術環境、自然環境等構成。

　　（一）政治環境

　　政治環境，主要是指一個國家或地區的政治局勢、法律法規、外交政策及方針政策等。穩定的局勢可以給國外投資者、經商者、旅遊者以一種安全感，有利於吸引他們前來投資、經商和旅遊，從

而促進飯店業的發展。如瑞士、新加坡、西班牙等國家飯店業的發展，與其國家的長期穩定不無關係。至於國家的外交政策、外匯政策，以及對外開放政策等，將直接影響國家之間的關係，進而會直接影響到飯店的客源。另外，國家的法律法規、方針政策，如反不正當競爭法、勞動法、國家的宏觀控制政策等，必然會對飯店的經營活動產生極大的影響。

（二）經濟環境

經濟環境，是指飯店企業經營過程中所面臨的各種經濟條件、經濟特徵、經濟聯繫等客觀因素。經濟基礎設施的狀況，在一定程度上決定著飯店企業運營的成本和效率；不同的經濟發展階段，則意味著不同的發展機會；經濟發展趨勢，如就業率水平、可支配收入的變化等，都可能對飯店業的發展產生影響。例如，中國進入20世紀80年代以後，隨著經濟的發展，人民生活水平的提高，人們對飯店產品的需求量呈上升趨勢，且等級要求也相應提高，這對飯店業的影響就表現為由原等級較低向中高等級推進，許多五星級飯店在這樣的經濟環境下應運而生。

（三）社會文化環境

社會文化環境，是指一個國家或地區的民族特徵、文化傳統、價值觀、宗教信仰、教育水平、社會結構、風俗習慣等情況。

每個國家或地區都有自己的傳統文化和生活習俗，並影響人們的消費方式。當然，反映一個國家或地區的民族本質的核心文化和相關習俗，往往具有很強的持續性，一般不會輕易改變，而其他次要的文化和習俗以及社會結構等，則比較容易變化。飯店的經營不可能根本性地改變當地的社會文化環境，而只能透過結合其文化背景，推出迎合當地社會文化氛圍的飯店產品，才能在較長時間內占領市場；若與當地的社會文化環境格格不入，必然會被很快淘汰。

目前，中國居民的閒暇時間增多、退休年齡提前、三口之家增多、晚婚晚育傾向、無子女夫婦增多、人口老齡化趨勢等，都意味著有更多的人有時間、有能力去各地旅遊，這一趨勢無疑會帶動飯店業的發展，而且老年旅遊者將成為旅遊與飯店市場的一個更為重要的組成部分。對於欲以老年人為主要目標市場的飯店企業來說，就必須思索如何為他們提供有效的個性化服務。

（四）技術環境

技術環境，是指一個國家或地區的技術水平、技術政策、技術創新和技術發展動向等因素。科學技術的發展，對飯店產品的設計、飯店設施的改造、飯店品質的提高和經營成本的降低，都有著極為緊密的聯繫。近年來，通信技術、網路技術迅猛發展，其更新速度之快使許多經營者感到措手不及。21世紀的飯店競爭將不僅僅是設施、服務的競爭，能否率先運用新科技也將是一個競爭的重點。當前，面對提高效率與降低經營成本的要求，飯店業正逐步邁向自動化。

在資訊處理、通信、消防、節能、安全與視聽系統等方面，飯店無須考慮是否需要自動化，而是要考慮就目前飯店的發展狀況來說，自動化程度多高最合適，使用哪些自動化技術以及如何有效地運用。

（五）自然環境

自然環境是指企業所在國家或地區的自然資源與生態環境，包括土地、森林、河流、海洋、礦產、能源、水源。

生態環境的變化和環境保護的要求，不僅直接關係到飯店的環境品質和經營成本，而且也在一定意義上關係到飯店的經營方針和政策。

在過去較長一段時期裡，中國的快速發展在一定程度上是以自

然資源的過度開發與犧牲生態環境為代價的，這使得中國的自然資源及環境遭受到相當程度的破壞，給未來國內資源依賴型企業的經營造成巨大壓力。飯店的經營策略必須激底摒棄以犧牲大自然為代價的發展模式，應綜合平衡企業利潤、顧客期望與社會利益之間的關係，保證飯店經營的可持續性發展。

二、宏觀環境的把握

分析外部的宏觀環境，有利於飯店企業抓住經營機會，並儘可能避免環境的威脅。一般來說，宏觀環境的把握，可從以下四個方面入手：

（一）關注經濟指標

社會經濟狀況，一般是透過各種經濟指數表現出來的，所以分析總體經濟環境首先要關注各種經濟指標。

1．國民生產總值

在眾多衡量總體經濟的指標中，國民生產總值是最常用的指標之一，它是衡量一國或一個地區經濟實力的重要指標，它的總量及成長率與飯店業的發展有較強的正相關關係，如中國國民經濟的高速增長伴隨著新建飯店的增加和飯店市場的擴大。同時總體經濟指標也是一國或一地區市場潛力的反映，近年來，東南亞、中國成為歐美國家競相投資的熱點，正是因為這一地區經濟持續、穩定地高速增長預示著巨大的潛在市場。

2．人均收入

人均收入是與消費者購買力呈正相關的經濟指標，中國由於大多數人的薪資收入尚未達到所得稅徵收起點，故其薪資收入即可看作是個人可支配收入。隨著收入水平的不斷提高，扣除基本生活費和所得稅後的個人可自由支配收入正在不斷提高，現在市場上所顯

示的耐用消費品的購買熱和旅遊熱，儲蓄、房地產、證券投資熱即表明了這一趨勢。

3．人口

一國總人口數量往往決定了一國許多行業的市場潛力，如食品、服裝、交通工具等。中國十幾億人口的市場規模一直讓國外企業垂涎不已，儘管計畫生育政策有效地控制著人口增長，但龐大的人口基數，伴隨著經濟的高速增長，仍然顯示出巨大的市場潛力與市場機會，而這也恰是吸引外商投資的根本動因。作為飯店產業，一個城市的人口數量和流動人口數量的多少，決定了市場的大小。

4．價格

價格是經濟環境中的一個敏感因素。因為適度的通貨膨脹可以刺激經濟增長，但過高的通脹率對經濟造成的損害往往難以預料，消費品價格上漲過快，人們基本生活需要支出大幅度增加，誤導的價格信號會使某些消費行為提前，而某些購買行為又被推遲，個人可自由支配收入的降低會長時間抑制耐用消費品的需求，特別是通貨膨脹所造成的社會心理衝擊將對整個市場供需關係產生深層次的影響。如果企業對此不能作出準確猜想，或者說日後通貨膨脹的程度要大大超過企業可能承受的範圍，則企業既有的策略就會成為一頁廢紙。

5．恩格爾係數

19世紀德國統計學家恩格爾根據統計資料，從消費結構的變化得出一個規律：隨著家庭和個人收入增加，收入中用於食品方面的支出比例將逐漸減小，這一定律被稱為恩格爾定律，反映這一定律的係數被稱為恩格爾係數。其公式表示為：

恩格爾係數（％）＝食品支出總額 ／ 家庭或個人消費支出總額×100％

恩格爾定律主要表述的是食品支出占總消費支出的比例隨收入變化而變化的一定趨勢。它揭示了居民收入和食品支出之間的相關關係，用食品支出占消費總支出的比例來說明經濟發展、收入增加對生活消費的影響程度。眾所周知，吃是人類生存的第一需要，在收入水平較低時，其在消費支出中必然占有重要地位。隨著收入的增加，在食物需求基本滿足的情況下，消費的重心才會開始往穿、用等其他方面轉移。因此，一個國家或家庭生活越貧困，恩格爾係數就越大；反之，生活越富裕，恩格爾係數就越小。

國際上常常用恩格爾係數來衡量一個國家或地區人民生活水平的狀況。根據聯合國糧農組織提出的標準，恩格爾係數在59%以上為貧困，50%～59%為溫飽，40%～50%為小康，30%～40%為富裕，低於30%為最富裕。在中國運用這一標準進行國際和城鄉對比時，要考慮到那些不可比因素，如消費品價格比價不同、居民生活習慣的差異以及由於社會經濟制度不同所產生的特殊因素。對於這些橫截面比較中的不可比問題，在分析和比較時應做相應的剔除。另外，在觀察歷史情況的變化時要注意，恩格爾係數反映的是一種長期的趨勢，而不是逐年下降的絕對傾向。它是在短期的波動中求得長期的趨勢。

（二）關注政治動向

在世界上，任何一個國家的政治路線和政府的行為都對本國經濟的發展起著不可替代的作用。政府的政策將會使國家政治經濟形勢發生或大或小的變化。政府可以給一個地區優惠政策，使這個地區迅速發展起來，也可以給一個行業優惠政策，使這個行業快速增長。當然，政府也有權力制訂出政策抑制某個地區或某個行業的發展。如國家關於年休假的政策，對飯店業務就有著直接和深刻的影響。任何事物都有一個產生、發展、消亡的過程，事物在產生之前也會有一些徵兆。政治形勢的發展變化也是一樣，雖然政治形勢劇

烈變化前的徵兆常帶有隱蔽性，但是我們仍然可以從一些蛛絲馬跡中發現政治變化的特點，預測出未來政治的發展趨勢。如輿論的導向、國家領導人的一句言語、政界要人的某次活動……都可能預示著一次大的政治變動。所以，飯店必須一隻眼睛盯著市場的變化，而另一隻眼睛緊緊盯住政府，注意政治資訊，關注政府的政策導向，把握政治經濟的發展趨勢，以抓住因國家政治經濟形勢發生變化而帶來的市場機遇。

案例1-1

根據蛛絲馬跡，發現政治動向

傑出的企業家總是能夠明察秋毫，從微小的事態中分析出政治的大趨勢，他們總是能夠從紛繁蕪雜的政治形勢中找到一些有用的資訊，並根據這些資訊做出判斷，看準方向，在別人還沒有行動之前就提前做好決策。這樣，當別人剛剛開始行動時，傑出的企業家早已把自己企業的錢袋裝得鼓鼓的了。

中國江蘇華西村黨支部書記吳仁寶就對政治有著深邃的洞察力。那是在1992年初，吳仁寶注意到報刊都發表了關於加大改革力度的文章，比如：

2月4日，中共上海市委機關報──《解放日報》宣布：「十一屆三中全會以來的路線要講100年」，並以這句極具權威感的話作為評論文章的大字標題。

2月8日始，《文匯報》連續發表《堅持「一個中心」》《財大才能氣粗》等評論文章。

2月19日始，《深圳特區報》連續發表《扭住中心不放》《要搞快點》《要敢闖》《多幹實事》《兩隻手都要硬》《共產黨能消滅腐敗》《穩定是個大前提》《我們只能走社會主義道路》等8篇重點評論文章。其中，最為突出的議題是抓住經濟建設中心不放

鬆，敢闖敢幹敢試驗。

2月22日始，《人民日報》連續發出《堅持以經濟建設為中心》《對外開放和利用資本主義》《改革的膽子再大一點》等社論或文章。

輿論界咄咄逼人和耳目一新的宣傳態勢，引起了飽嘗滄桑、累積了豐富社會經驗的吳仁寶的高度警覺和重視。

與此同時，鄧小平視察南方的講話更是引起了吳仁寶的高度注意，他明白所有的這些文章都與鄧小平視察南方的重要講話有關。憑這些，吳仁寶斷定中國政府馬上會掀起一個經濟建設的新高潮，他知道，這又是一次企業騰飛的機遇。

機遇稍縱即逝，它不容許人用過多的時間去考慮。作為企業家的吳仁寶深知這個道理。於是他決定要抓住這次機遇，再次在華西村掀起一股經濟熱潮。

有了正確的想法就應該馬上付諸行動，在凌晨兩點鐘還不能入睡的吳仁寶立即電話通知村黨委委員、正副村長、各廠廠長馬上召開緊急會議。

在會議上，吳仁寶說：「很抱歉，半夜三更請大家們來開會，研究工作。根據我多年的經驗，中國改革的總設計師鄧小平講話了，經濟加速發展的浪潮已經到來，我們要緊緊抓住盼望已久的這次機遇。機遇的動態性很強，它稍縱即逝，有時雖能持續一段時間，但早抓和晚抓大不一樣，因為機遇的含金量頭重尾輕。」

接著，吳仁寶同與會人員一起為華西村制訂了策略目標，拿出了具體的戰術措施。他們認為，經濟要大上，隨之而來的必定是原材料吃緊漲價，華西村要抓住這次機遇大發展就要有足夠的原材料作保證，所以壓倒一切的中心任務就是「借錢吃足」，錢借得越多越好，原材料吃進得越多越好。同時，要大張旗鼓地搞股份制，大

量吸收個人資金入股。

決策作出，馬上行動。在吳仁寶的率領下，華西村從幹部到群眾，有錢的出錢，有力的出力，有門路的找門路，組成了一支採購大軍。在短短的半個月內，他們就借款2000多萬元，吸收個人資金入股400多萬元，加上自有流動資金，一下子購進了近萬噸鋼坯、1000噸鋁錠、700噸電解銅等原材料。

就在華西人使出全身招數，大舉購買原材料的時候，一些人卻還蒙在鼓裡。因為這時，鄧小平視察南方的重要講話還沒有傳達到基層。3月9日至10日，江澤民主持中共中央政治局全體會議討論和確認了鄧小平的重要講話，號召全黨要認真學習。

就在鄧小平視察南方重要講話向下傳達後，中國立即掀起了一個加快改革的熱潮，全國各行各業聞風而動。原材料的價格也隨之迅速上揚。

吳仁寶看準了政治形勢變化前的蛛絲馬跡，抓住機遇，依靠「借錢吃足」四個字，就為華西村贏得了千萬元的直接經濟效益。

（三）關注輿論導向

主流媒體的資訊，一方面反映或預示著國家政治、經濟、文化等方面的現狀和趨勢，另一方面也會對社會經濟活動和人們的消費方式造成一定的引導作用。如中國保齡球市場的沉浮，就是一個佐證。在保齡球項目剛進入中國市場時，由於媒體的宣傳把保齡球運動定位為一種紳士運動，因而受到了中國廣大消費者的追捧，頓時使中國的保齡球市場出現了少有的火暴場面。但是，後來美國學者保羅‧福賽爾的一本名為《格調》的書（該書是論述社會等級和生活品位的著作，據說在當年中國暢銷書的排行榜上排名第一）卻使中國的保齡球市場一落千丈。在《格調》一書中，保羅‧福賽爾認為運動反映了一個人的格調和等級，而他把保齡球運動列為平民運

動。他在書中寫道：「上層階級有遊艇，貧民階層有什麼？保齡球！如果你希望保住自己的上層地位，切記永遠、永遠不要打保齡球。一旦沾上，你的中上層地位立刻就會降低。」

中國不少消費者參與保齡球運動本來是一種追求時尚，為了顯示自身的社會品位，而現今實際上保齡球運動是一種平民運動，保齡球消費需求的急劇萎縮也就在情理之中了。由此可見，飯店要瞭解社會文化環境，就應該關注主流媒體的資訊，儘早掌握社會經濟活動和人們消費的傾向。

（四）關注經濟週期

任何一個國家、地區經濟的發展都是不平衡的，其發展過程也是呈現波浪式前進的，即經濟發展具有週期性。在不同的經濟發展週期，國家往往會採取不同的經濟政策，經濟存在著不同的市場機遇，當然也有陷阱。所以，飯店必須研究經濟發展的規律，及時把握經濟發展的週期，抓住經濟發展過程中的各種變化，以正確制訂和調整飯店的策略方案。

三、中國飯店所處環境淺析

跨入21世紀，中國的飯店企業面臨著新的環境，主要表現在以下三個方面：

（一）日趨成熟的市場經濟

1．市場經濟的基本特徵

市場經濟是透過市場機制來配置社會資源的一種經濟組織形式。作為一種與計畫經濟相區別的經濟組織方式，其基本特徵有：

（1）市場經濟是消費者經濟。市場是供需雙方的結合體，而在這個結合體中，需求是矛盾的主要方面，它決定了市場供給的數量、品質與方向。因為，在市場經濟條件下，供略大於求是必然

的。所以，市場經濟是以消費者為中心的經濟。

（2）市場經濟是競爭經濟。在市場經濟條件下，必然要求市場向所有生產者、經營者、消費者開放，各經濟主體在經濟活動中的法律地位是平等的，各種生產要素進退自由，經營自主，活動自如。由此可見，市場經濟是一種自由經濟，市場競爭是企業的主旋律。

（3）市場經濟是法制經濟。在市場經濟條件下，無論是經濟運行，還是社會生活，都離不開法律的保障。法律規定著市場經濟主體的權益，保護著個人和企業的合法權益不受侵害；規定著市場交易者的權利和義務，以及享有權利、履行義務的方式；交易過程中產生衝突，交易雙方也需要按照法律規定的途徑加以解決；政府行政部門管理市場經濟秩序的行為也是由法律賦予，並受法律約束的。因此，飯店企業的經營行為也同時受到法律制度的制約，如《反不正當競爭法》《消費者權益保護法》《企業法》《廣告法》《公司法》《合約法》等都對飯店企業的經營行為產生較為直接的影響。

（4）市場經濟是信譽經濟。建立良好的市場經濟秩序，除了運用法律手段作保證，更需要經營者的自律行為作基礎，經濟領域中的信用、信譽度在市場經濟中極為重要。因為法律不可能規定到經濟及社會生活的每一個細節。同時，市場經濟的基本規律之一是等價交換，顧客購買某種飯店的產品或服務，是出於對這個飯店或這項服務的美好感受，出於某種信任、榮譽、偏好等方面的要求；企業之間的交易，也是出於交易各方的自願並從中謀取某種利益的。所以，如果飯店不講信譽或不能達到雙贏，交易活動必然會出現障礙。講誠信、講雙贏，這是市場經濟的客觀要求。

（5）市場經濟是人才經濟。在市場經濟條件下，人力等生產要素的流動是自由的，即由利潤較低的部門轉向利潤較高的部門，

由利潤較低的企業流到利潤較高的企業，這是生產要素流動的基本規律。飯店企業能否長期取得良好業績，就在於能否以良好的激勵機制吸引與留住人力要素。因此，企業之間的競爭歸根到底是人才的競爭。

2．市場經濟的基本規律

市場經濟的運行，有其基本規律，主要有：

（1）等價交換的價值規律。生產要素流動的原動力是等價交換，加速動力是市場求大於供。同類生產要素，成本越低，市場競爭力越強；市場缺口越大，流動越快。在等價交換的前提下，推動生產要素流動的經濟利益，來自於生產要素市場交換的價值與價格的差額。可見，價值規律決定著生產要素流動的方向、速度和規模。

（2）資本追求利潤最大化的運動規律。現代意義上的資本應該是能夠帶來利潤的價值。它是經營者所擁有的生產要素的價值化。廣義上的資本還包含著人才資本、無形資產資本、勞動力資本。因此，資本必然投向能夠產生最大利潤的地方。這是因為股東要求高的利潤回報，勞動者需要高收入，商品需要高的附加值。這種資本內在的利益驅動，推動著資本不斷向利潤率高的地區、行業、企業運動。資本運動的方向代表著結構調整的方向，代表著生產力升級的方向。它是以資本對利潤的最大追求為動力形成的市場機制，推動生產要素的優化組合和產品、產業、投資結構優化，以及生產力水平的提高。

（3）優勝劣汰的競爭規律。只要有商品生產、市場和價值規律，就必然存在競爭。競爭的結果是優勝劣汰，推動生產要素由差的企業向好的企業重組，推動優勝企業吸引更先進的技術、人才，以及兼併劣勢企業的資本，參與新一輪的競爭，追逐更大的經濟利益。

（4）利益分配的相對不平衡規律。古今中外，經濟發展的不平衡是絕對的。經濟發展不平衡的利益動力來自於收益上的不平衡。影響經濟發展不平衡的因素很多，如自然條件差別、資源差別、區位差別、內外聯繫差別、傳統文化差別等等，而造成不平衡發展的動力源泉卻是收益上的差別。

3．飯店市場日趨成熟的表現

自從中國改革開放以來，市場經濟不斷完善，因而，中國的飯店市場也日趨成熟，主要表現在：

（1）消費者日趨成熟。其主要特徵：一是消費者的經驗越來越豐富，消費者越來越挑剔。現在很多顧客走南闖北，周遊列國，住宿經驗非常豐富，其對飯店服務標準的認識和要求，在某些方面不僅超過了普通的飯店員工，甚至超過了飯店的管理者。二是個性化消費越來越突出。近年來，中國旅遊市場已從國際旅遊為主，國內旅遊為輔的局面轉換為國際國內旅遊共舉的局面。假日增多帶來的經濟熱點與旅遊熱潮都顯示了國內旅遊市場的巨大潛力，國內遊客成為消費大軍。隨著人口的增長，可支配收入、閒暇時間的增多，休閒觀念的增強，旅遊者層次也更為廣泛。三是消費者的消費越來越精明。隨著市場經濟的成熟，飯店市場從賣方市場轉向買方市場，加之個人消費的增加，消費者消費行為日趨理性，他們往往會貨比三家，討價還價能力大大增強。四是消費者的自我保護意識越來越強。這就要求飯店應把每一個顧客都看成送上門的老師，虛心聽取意見，並從顧客身上學習更多的東西。同時，必須更新服務模式，提高服務與管理水平，以適應顧客的需要。

（2）市場競爭不斷升級。其主要特徵為：一是競爭範圍進一步擴大，既面臨非傳統旅遊產業的挑戰，又面臨國際跨國公司的挑戰，可謂國內市場國際化，國際競爭國內化。二是競爭手段的升級，從最早的數量、規模競爭，發展到價格、品質競爭直至品牌競

爭。這就要求飯店企業必須確立正確的競爭理念，苦練內功，提高服務與管理水平，以打造卓越的飯店品牌。

（3）市場秩序日趨規範。其主要表現為旅遊法規的從無到有，行業管理水平的不斷提高，飯店企業經營行為的日益規範。這就要求飯店企業必須增強法制意識，做到依法經營，努力規避法律風險，並注意用法律武器，維護企業的正當權益。

（二）漸入佳境的知識經濟

1．知識經濟的特徵

知識經濟是一種以知識和資訊的生產、分配和使用為基礎，以創造性的人力資源為依託，以高新技術產業及知識產業為支柱，以實現社會、科技、經濟的協調可持續發展為目標的經濟形態。其基本特徵有：

（1）知識經濟是一種資訊化經濟。知識經濟是微電子技術、資訊技術充分發展的產物，是資訊社會的經濟形態。在資訊社會，一是資訊技術在全社會廣泛滲透和使用，資訊技術對於政治、經濟、社會、文化、道德等的影響是全面的、全方位的；二是資訊產業已成為國民經濟的主要經濟部門；三是資訊和知識已成為重要資源和財富，國與國、地區與地區、企業與企業之間的差距，主要表現在對資訊與知識的生產、傳播、使用能力上的差異；四是擁有先進的資訊網路，資訊流動時間加快；五是全社會生產自動化程度大大提高，自動化技術將在社會管理、經濟管理、企業生產管理等方面全面普及。

（2）知識經濟是一種網路化經濟。正是由於知識經濟以資訊技術的充分發展為基礎，而互聯網的崛起、電腦的廣泛普及標誌著人類在跨入資訊時代的同時，正在接受網路化改造。現在網路貿易已不是天方夜譚，而是世界上許多大公司的實際業務。

（3）知識經濟是一種創新型經濟。創新是知識經濟的靈魂。在勞力經濟和資源經濟時代，其發展固然離不開創新，特別是資源經濟在其發展歷程中，每一次創新都極大地促進了經濟的發展。但是，這些技術創新所經歷的時間相對比較漫長，範圍相對比較有限。而知識經濟時代的技術創新速度大大加快，範圍將涵蓋全社會，技術創新成為經濟增長的最重要的動力。

（4）知識經濟是一種智力支撐型經濟。知識經濟亦可稱智力經濟，它是一種以智力資源為最重要資源的經濟。在傳統經濟發展中，大量資本、設備等有形資產的投入起決定性作用，而在知識經濟中，智力、知識、資訊等無形資產的投入起決定性作用。應用知識，提供智力，添加創意，成了知識經濟活動的核心問題。

（5）知識經濟是一種可持續發展經濟。工業革命之後興起的資源經濟，創造了日益豐富的物質財富，社會經濟獲得了空前速度和規模的發展，促進了人類文明的發達和繁榮。但是，資源經濟對自然資源的過度依賴和消耗，嚴重汙染了自然環境，破壞了自然界的生態平衡，從而損害了人類賴以生存的地球，危及人類的長期發展。知識經濟產生在多種自然資源近乎耗竭、環境危機日益加劇的時代，它把科學與技術融為一體，反映了人類對自然界與人類社會的科學全面的認識。知識經濟將科學、合理、綜合、高效地利用現有資源，同時開發尚未利用的自然資源來取代已近耗竭的稀少自然資源。

2．知識經濟對飯店管理的影響

新的經濟形態，必然會對飯店企業管理產生深刻的影響，主要表現為：

（1）管理指導思想的轉變。在工業經濟時代，企業管理的指導思想是儘可能多地利用資源，以獲取最大的利潤，經濟的發展主要取決於自然資源的占有和配置。這使得經濟效益與環境效益、社

會效益之間難以達到協調統一。而知識經濟則不同，知識經濟以科學研究和技術創新為指導思想，要求達到三個效益的協調統一。所以，知識經濟時代飯店企業管理的指導思想是可持續發展的思想。從未來發展趨勢來看，創建綠色飯店將是飯店的策略任務。「綠色」一詞往往用來比喻「環境保護」、回歸自然等。國際上綠色飯店的概念是「eco-efficient hotel」，即「生態效益型飯店」，意思是充分發揮資源的經濟效益。綠色飯店較為直觀而形象地將飯店與環保、飯店與可持續發展的概念聯繫起來。因此，對飯店企業來說，降低生產的原材料和能源消耗不僅意味著經濟效益，更意味著社會福利。

（2）管理重點的轉移。在工業經濟時代，飯店企業管理是以有形資本為主體的管理，有形資產起決定作用。所以，飯店企業管理的重點是對人、財、物等有形資產的計畫、組織、指揮、協調與控制。而知識經濟是以無形資產投入為主的經濟。知識、智力、無形資產的投入起決定性作用。無形資本，特別是知識資本成為飯店企業管理的重點，創造、培育知識資本成為飯店企業管理的主要職能。

（3）管理內容與形式的改變。在傳統的工業經濟時代，飯店企業管理注重的是有形組織，有形資本，有形銷售等。而知識經濟時代，飯店企業管理將呈現資訊化、數字化、虛擬化的特徵。網路營銷，虛擬企業，學習型組織等將成為飯店企業管理必須研究的課題。

（4）飯店企業管理方式的變革。在工業經濟時代，企業管理主要是以物為中心的管理，其管理方式主要是制度化的管理。注重定量化、標準化、程序化、規範化。突出集中統一、層層負責、行為控制。而知識經濟時代的飯店企業管理則是以人為中心的管理，其管理方式則是人本化的管理；注重「人才激勵管理」，把人才的

開發置於飯店管理至關重要的位置。

（三）勢不可擋的全球經濟

加入WTO，一方面，市場的空間增大了，將有利於中國飯店企業拓展海外業務，以便更充分地利用國內外兩種旅遊資源、兩個旅遊市場，優化旅遊資源配置。同時，將有利於引進新的飯店企業運行機制，提高飯店企業的整體素質和競爭能力，從而實現與國際旅遊業的全面接軌。

但加入WTO的另一方面是，中國的飯店企業將面臨進一步的挑戰。中國旅遊業入世的承諾之一是：不遲於2003年12月31日，外國服務提供者在中國建設、改造和經營飯店企業將不再受企業設立形式和股權方面的限制。這意味著國際競爭國內化的過程加快，中外飯店企業的競爭將進一步升級。中國飯店企業經過近二十年的發展，儘管在經營和管理上日益與國際接軌，取得了長足的進步，但是，與國外著名飯店企業集團相比，中國飯店企業競爭力明顯不足，如體制不順、機制不活、規則不全、規模偏小、產品類同、缺乏品牌、隊伍滯後等。在優勝劣汰的競爭法則下，競爭力量弱的企業最終將被逐出競技場，失去生存的空間。

由於亞太地區經濟的逐步恢復以及大眾旅遊的持續發展，許多國際著名飯店集團將全球發展的重心放在亞太地區，加速在該地區的擴張。

在亞太市場中，國際飯店集團尤其看好投資中國市場。

目前世界十幾家著名的國際飯店管理集團基本上都已經進入中國市場，其中包括世界飯店集團名列第二的洲際集團，名列第三的萬豪集團，以及希爾頓旅館公司、雅高集團、凱悅集團、香格里拉集團等。萬豪集團表示從未來5年內，包括已經擁有的24家飯店，萬豪至少要新開26家飯店，使其在中國區的飯店達到50家以上；

香格里拉集團在全世界只有36家飯店，但在中國的連鎖飯店就有20多家；聖達特集團到2020年底將它在中國的飯店擴張到100家；雅高集團也將其發展的重點放在中國，計劃用5～10年的時間使得在中國投資和管理的飯店數量達到200家。

第二節 行業環境分析

　　行業環境在很大程度上決定了企業的競爭態勢，行業環境與飯店經營活動休戚相關，並且飯店的經營活動也會影響和改變這種環境。美國學者麥克·波特指出，在一個行業中，存在著五種基本的競爭力量，即潛在進入者、替代品廠商、購買者、供應者以及行業現有競爭者之間的抗衡。這五種基本競爭力量的狀況及綜合強度，引發行業內在經濟結構上的變化，從而決定行業內部競爭的強度和最終獲利能力。

　　一、現有競爭力量分析

　　影響飯店經營環境的最重要因素是已進入市場的飯店數量及其競爭結構。由於各地在飯店數量與結構上的不一致，不同地區、不同城市的飯店之間的競爭激烈程度是不一樣的。從理論上說，現有飯店之間的競爭有以下三種基本模式：

　　（一）純粹競爭抗衡模式

　　在這種抗衡模式中，飯店的競爭是最為激烈的。在同一市場中存在著為數較多的競爭實力差距不大的飯店，每家飯店在市場中只占一個較小的份額；產品相互間存在著較高的替代性，沒有明顯的特色與差別；飯店業的進退障礙較低，在飯店經營景氣時會有企業進入，當飯店業普遍虧損時又有企業退出；由於飯店數量較多，相互間很難形成統一的決策與行為。

在純粹競爭的抗衡模式中，競爭主要集中在飯店產品定價上。因為產品是相似的，對消費者來說，選擇飯店產品的主要依據是價格。如果哪一家飯店能夠提供比其他飯店更低的價格，那麼這家飯店就能將其他飯店的顧客吸引到自己飯店住宿與消費。另外，也存在著非價格競爭因素，比如，透過廣告等手段來宣傳與促銷飯店的產品，培育飯店良好的企業形象，造就顧客對飯店產品的主觀差異。但是，由於各家飯店的廣告宣傳內容趨同，消費者依然無法很好區別不同飯店產品。所以，在純粹競爭中，儘管各家飯店花費了可觀的廣告宣傳費用，但其效果並不令人滿意。

（二）純粹壟斷抗衡模式

這是一種特殊的抗衡形式，是一種沒有競爭對手的抗衡。在市場中，只有一家經營的飯店，它占據著市場的全部份額。

這種模式可以是整個飯店市場，也可以是某個特定的市場，如高檔飯店市場。

在純粹壟斷的市場中，通常會有很高的進入壁壘。這種壁壘的構成既可以是自然的因素，也可以是人為的因素。

在純粹壟斷市場上，只有唯一的供給者。一家飯店提供的產品數量也就是整個飯店業的全部供給量。如果對其不進行任何干預，那麼，飯店就會因為沒有可以與之競爭的其他飯店而忽視服務品質的提高，甚至憑藉自己的壟斷地位與壟斷力量獲得高額的壟斷利潤。飯店在市場上的高度壟斷雖然可以讓飯店獲利豐厚，但是，也會帶來許多消極的後果。飯店因為缺乏競爭壓力，常常會安於現狀，任憑管理效率與服務品質低下的現象長期存在，對產品更新缺乏應有的積極性。

（三）壟斷競爭抗衡模式

如果說純粹競爭與純粹壟斷描述的是飯店之間抗衡的兩種極端

形式，那麼壟斷競爭則是介於上述兩者之間的一種過渡抗衡形式，它具有純粹競爭與純粹壟斷兩種抗衡模式各自的某些特點，同時又擁有不同於上述兩種抗衡模式的新的特點。

在壟斷競爭市場，存在著一些規模大小不等、相互間產品差別不大的飯店，其中規模較大的少數幾家飯店占有了市場較大的份額。在壟斷競爭抗衡中，飯店可以透過自己產品的差別、用靈活多變的價格來爭取客源市場，也可以透過飯店之間的合謀來穩定價格與各自的市場份額，以謀求飯店利益的最大化。

二、潛在競爭力量分析

在市場容量與經濟資源有限的情況下，新飯店的出現勢必加劇原有飯店之間競爭的激烈程度，原有的飯店必定要採取相應的對策阻止新飯店的順利進入，以保證自己的既得利益不受損失。潛在競爭力量的威脅主要取決於進入壁壘與退出壁壘的高低，如果飯店市場的壁壘高，潛在的威脅就小，反之亦然。潛在競爭力量的強度主要取決於以下因素：

（一）規模經濟

飯店的經營成本在一定範圍內與飯店的經營規模呈反向變動，規模越大，成本越低。由於規模較大的飯店通常擁有成本優勢，迫使新飯店必須以相同或更大的規模進入，這在飯店市場需求增長速度緩慢的條件下無疑會讓新飯店面臨較大的風險。如果新飯店以較小的經營規模加入競爭，則必然要承受較高的單位成本和較低的邊際收益率。從20世紀50年代到70年代，美國飯店成功的一項基本原則就是規模經濟，透過規模經濟來壟斷客源市場。如假日集團在1964年安裝Holidex預訂系統，各成員飯店互相預訂客房，同時設立免費直撥預訂電話，透過旅行社來保證其客源。另外它還跟航空公司結成策略聯盟，讓航空公司幫助銷售客房。這樣，透過擴大銷

售來降低成本，設立高門檻，使競爭對手難以進入市場。

（二）產品差別

一家飯店的產品若與同行相比存在著明顯的差別，則也能形成有效的進入壁壘。飯店產品的差別主要來自：有形設施的別具一格，無形服務的獨具神韻，宣傳廣告的獨特訴求，銷售方式的與眾不同。

流行全球的飯店聯號正是出於這種努力，在消費者中形成自己產品的特色與差別，進而形成自己在特定目標市場中有效的進入壁壘。世界聞名的夏威夷喜來登飯店就曾強調：「我們銷售的不是產品或服務，而是差異。」假日強調熱情，希爾頓推崇快捷，喜來登則突出無微不至的關心。飯店產品的差異化策略主要可從外形建築、市場定位、服務方式等不同角度來考慮。例如，紐約的華爾道夫—阿斯多利亞突出其輝煌的歷史與設施的富麗堂皇；而衛星好萊塢飯店則極力渲染其電影歷史。Motel6致力於強化其最廉價飯店的形象；而麗思卡爾頓飯店不斷推銷其價值領先者形象。喜來登飯店採用先入住後登記的方法；而很多商務型飯店則在從機場迎接顧客的途中為其辦理登記入住手續。

（三）資金壁壘

飯店業是資金密集型行業，經營飯店所需占用的大量資金也是構成進入壁壘的一個重要來源。資金與飯店的硬體設施和營銷投資密切相關。特別是高檔飯店的建造，巨額的資金占用會讓眾多的投資者望而卻步。而進入一個競爭格局既定的市場，市場領先者通常擁有資源優勢、成本優勢以及市場經驗優勢，追隨者往往在這些方面難以形成競爭優勢，所以很難打破既定的市場格局。

（四）管理經驗

作為服務性企業，飯店內部管理需要專門化的知識與技能，這

些知識與技能，對於新建飯店通常總是欠缺的。為了保證飯店服務的高品質與高效率，新飯店通常總是聘請管理公司參與自己飯店的管理，採用這種方式會明顯增加自己的經營成本，不利於新飯店參與市場競爭。

但如果自己管理，由於經驗的缺乏，服務品質又難有保障。

（五）市場容量

飯店的市場容量也就是一地客源的數量，客源的多少也影響飯店市場進入壁壘的高低。如果市場容量大，現有飯店間的競爭程度相對較低，則對新進入者的排斥力量就較小，因為新進入的飯店進入市場後也不會搶占原有飯店的客源市場。如果市場容量小，現有飯店間的競爭已十分激烈，人們對新進入者就十分敏感，因為新建飯店的加入會加劇現有飯店客源市場的競爭，降低每家飯店的市場份額，這時就會遇到同行各種可能的抵制。

三、替代競爭力量分析

替代產品是指那些與飯店企業產品具有相似功能的其他產品，如飯店的酒吧與飯店周圍的咖啡廳，後者就可以被視為是前者的代用品。近年來，一般咖啡廳大幅度增加，硬體設施及服務品質均有很大提高，與飯店的競爭日趨激烈。應當指出，代用品威脅不同於飯店之間的產品替代，後者屬於在同一行業中不同飯店提供的產品差別，而代用品通常是指不同行業之間具有相似功能的產品，這些產品可以因為技術進步與創新出現，也可以因為其他行業的產品功能延伸產生。

在與誰競爭這個問題上，大部分人都會想到同行，即容易將同一行業中的其他飯店作為自己的競爭對手。在缺乏同等級的飯店時，有的飯店企業就會認為本飯店是壟斷企業，由此安於現狀。而從行業之外去尋找競爭對手，連想也不願去想。其實，某些看似不

相干的行業，都與人們的休閒娛樂有關，也可以視作飯店產品的替代品。由此可以看出，所謂同行和不同行的區別是相對的。經營策略中重要的不是形式上的同行或不同行，而是在滿足顧客的需求上是否相同。

四、供給競爭力量分析

供應商向飯店提供經營活動所需的一切資源，如能源、資金、原材料、飲料、食品、易耗品等等。因此，供應商競爭力量的強弱直接影響著飯店經營成本的高低。一般來講，供給競爭力量主要取決於以下幾方面：

（一）資源的壟斷程度

如果某種資源是由供應商壟斷經營的，特別是當這種資源在飯店經營活動中起著舉足輕重的作用時，那麼，供應商通常可憑藉壟斷地位最大限度搾取飯店利潤。

（二）供應商生產成本

對供應商來說，其產品價格的下限是生產成本，因此，其生產成本高低決定著供應商供給價格的高低。如果供應商在生產過程中存在著明顯的規模經濟效益，那麼，隨著飯店購買數量的增加，與供應商的討價還價會有更多的餘地。

（三）資源短缺程度

任何短缺都是由市場供需不平衡產生的。當市場上某種資源供不應求時，供應商就會抬高價格，短缺程度越嚴重，供應商討價還價的能力也就越大。

（四）購買相對份額

無論供給者數量多少，當飯店購買某種資源的數量占到某一供給者全部市場較高的份額時，飯店就有可能透過討價還價減輕自己

的壓力，而分散購買的價格壓力一般要大於集中購買。

五、需求競爭力量分析

需求方的競爭力量，也就是購買者的討價還價能力，主要取決於以下幾方面：

（一）市場資訊的充分程度

當購買者對市場資訊瞭解不多時，通常會支付較高的價格，因為較高的交易費用會迫使他放棄再搜尋的努力。如果購買者掌握了較為充分的市場資訊，他會利用自己擁有的市場資訊對飯店施加壓力，購買價廉物美的飯店產品。

（二）購買者收入水平

一個人的收入水平雖然無法改變他的消費追求，但是，購買者收入水平的變動會直接改變他的貨幣邊際效用，即他對價格的敏感程度。一個年收入幾十萬元的購買者與一個年收入幾萬元的購買者對於同樣的飯店產品，他們願意支付的價格是不會相同的。

（三）購買產品的數量

如果購買者購買的數量較多，如旅遊中間商，飯店總是願意按較低的價格出售自己的產品，原因在於較多的數量可以給飯店節約相關的費用，有助於提高飯店的設施利用率。根據消費者對某種產品的使用量，可將市場細分為大量使用者，即經常外出旅遊並常住飯店者；中量使用者，即住飯店的次數不多者；少量使用者，即極少外出旅遊或極少住飯店者。任何一家飯店都希望能吸引大量使用者這一細分市場。

（四）購買者消費偏好

根據消費者對產品的偏好程度，可將市場細分為極端偏好，即永遠只到某一飯店住宿；中等偏好，即偏好兩三家飯店；變動偏

好，即原來偏好某一家飯店，現在轉為另一家飯店；無偏好，即並不偏好任何一家飯店，隨機選擇。如果飯店產品具有較高的可替代性，即購買者存在著眾多的選擇，那麼，飯店的競爭壓力就大；反之，如果飯店的產品富有特色，能夠贏得消費者的偏愛，在相同的價格下消費者就會首先選擇購買該產品，這時購買者的討價還價能力就弱。

案例1-2

某風景旅遊城市J縣S飯店的行業結構分析

J縣地處浙南山區，經濟欠發達，但擁有一個國家AAAA級風景旅遊區，每逢節假日眾多大都市遊客慕該地的「青山綠水」之名而來。S飯店位於J縣新區黃金地段，毗鄰J縣行政中心、火車站，距離國家AAAA級風景區5公里。S飯店是J縣迄今為止唯一的四星級飯店，飯店管理層將其定位為「提供會議、旅遊渡假、休閒娛樂的理想場所」。

在潛在進入者方面，由於J縣的經濟水平與一些客觀條件的限制，暫時不會出現新的高星級飯店。S飯店物資供應主要來自本地，作為一家當地規模較大的飯店，對供應商具有較強的討價還價能力。但是，大都市遊客到J縣來，更希望體會山區原汁原味的農家生活，因此眾多位於景區周邊，衛生、溫馨、價廉的家庭旅館就成為S飯店的替代食宿場所。此外，同業間的競爭顯得異常激烈，就旅遊渡假、休閒娛樂市場而言，坐落在景區邊上的兩家三星級旅遊渡假村由於其地理位置上的優勢，加上經營多年，外部合作網路完善，且擁有大量的協議顧客、忠誠顧客，是S飯店的強有力競爭者；就餐飲市場而言，緊鄰該飯店的就是當地最大的旅業集團公司投資興建的「J縣行政中心宴會廳」，主要提供各種形式的宴會、零點和快餐配送服務，在硬體設施上毫不遜色於S飯店。在J縣縣城，還有眾多的二、三星級飯店，長期進行密集的會議營銷活動。

每逢夏季，J縣酷熱難當，大量會議在該縣的避暑勝地舉行，S飯店會議接待量受到很大影響。

　　S飯店面對的競爭是比較激烈的，但作為當地唯一的高星級飯店具有特殊的品牌優勢，因此必須進行更為明晰的策略定位，強化其在J縣高端市場的地位，以及加強營銷活動推廣的力度，透過形象、品牌、服務、價格、廣告、公關等多種手段，充分挖掘與提升自身的特色優勢，與其他飯店進行「錯位」競爭，以改善經營業績。

第三節 自身條件剖析

　　飯店經營的成功除了要適應複雜多變的外部環境，還離不開飯店企業的核心競爭能力。核心競爭能力是指長期形成並融於企業內質中支撐其持久生存與發展的力量，這種力量來自於飯店企業持續擁有的、有價值性的、稀少的超群性和獨特性資源形成的產品或服務優勢。核心競爭能力具有四個顯著特徵：一是獨創性，它能為顧客和企業創造出重要的特定價值，而這種價值往往難被他人所覺察與評估。二是獨特性，即它為企業獨自所擁有，是在企業演進過程中長期培育和積澱而成的，並且它深深融合在企業內質之中。所以，它不易為別的企業模仿和其他競爭力所替代。三是延伸性，它能支持企業延伸到更有生命力的新領域，衍生出一系列的新產品或服務，體現了企業持續發展的技術能力。四是持久性，即它與特定的企業相伴生，雖然可以為人們感受到，但無法像其他生產要素一樣透過市場交易進行買賣，必須透過組織的不斷學習與累積才會最終形成。它深深地融於企業的文化或管理模式中，具有為企業提供利潤的長期能力。而飯店企業的核心競爭能力是在全面分析企業內部條件的基礎上加以認識和提煉的。飯店的內部條件主要包括以下

方面：

一、企業經濟實力

經濟實力是飯店企業資本運行能力的綜合反映。反映飯店經濟實力的主要指標包括：

（一）經濟規模

經濟規模可從兩個層面加以分析，一是物質形態，主要表現為飯店的接待能力，如飯店的等級，飯店的設施與功能，飯店的客房數量、餐廳座位數等。飯店企業作為接待服務的窗口部門，往往是城市的門面，接待能力強的飯店往往會引起當地政府的重視，成為當地高層次和大型活動的接待中心，因而接待能力的高低也就往往反映了飯店在當地的社會地位。二是貨幣形態，主要表現為飯店營業收入。對於國家和當地政府而言，飯店營業收入的背後是稅收，營業收入的多少決定了納稅量的多少。所以，營業收入從某種意義上表明了飯店對當地經濟的貢獻，可在一定程度上反映其在當地的影響力。

（二）資產總量和資產品質

資產包括各種財產、債權和其他權利，如流動資產、長期投資、固定資產、無形資產、遞延資產等。在其他條件不變的情況下，飯店企業的資產總量越大，實力越強。資產品質更能反映企業實力，如資產負債率高低與資產盈利能力。但資產負債率也不是越低越好，過低的負債意味著企業發展能力有限。資產盈利能力則涉及資產的分布與新項目投資是否合理。若大量資產分布或投入到盈利較弱且增長空間有限的行業，則說明企業的資產是有問題的。個體飯店也有資產品質問題，如經濟規模與盈利之間的關係，投資分布在不同功能部位的情況。飯店的核心業務是客房，因為這是利潤的主要來源，也是顧客最基本的需求。但是，目前中國相當一部分

飯店，把大部分資金投入到公共設施和配套設施上，而在客房上的投入則相對較少，致使客房面積偏小和設施過於簡陋，從而導致客房的舒適度較低。

（三）融資管道和融資能力

無論新建飯店還是已經建立並正在進行經營的飯店均需要融資。融資是指企業向資本市場、銀行及其他金融機構、外部其他單位及個人，以及企業內部籌措所需資金的一種財務活動。飯店企業要保持長期健康的發展，就必須有合適的融資管道和較強的融資能力。融資管道的合理性與融資能力的強弱是考察飯店經濟實力的一個重要指標。一般來說，融資管道包括國家投資、銀行貸款、企業內部累積、發行債券、發行股票、融資租賃和商業信用等。飯店融資能力的高低，主要取決於以下幾點要求：

①合理確定資產的需要量，控制資金的投放時間；②科學制訂融資方案，努力降低資金成本；③科學安排資金結構，合理運用負債經營；④結合資金投向，提高融資效益。

（四）財務業績

飯店財務業績好壞是評價飯店經營管理水平高低的主要指標，也是確定飯店能否長期生存與發展的根本。反映財務業績的指標包括營業收入、銷售成長率、股價上升率、成本、經營利潤、應收帳款、營業利潤率、資金利潤率等。其中利潤是飯店經營活動的效率與效益的最終體現，是衡量、考核飯店經營成果與經濟效益的重要尺度。飯店的利潤總額包括營業利潤、投資淨收益和營業外收支淨額等。

二、組織管理能力

組織管理能力是飯店企業把握方向、整合資源和控制運行的能力。主要包括：

（一）企業的決策能力

企業的決策能力，就是企業把握方向、抓住機遇和整合資源的籌劃能力。其主要取決於以下三個方面：決策機制，如由誰作決定、獨裁還是民主決策、有哪些程序等；決策方法，如採用經驗決策還是運用科學決策；決策水平，即飯店決策者的知識、膽略、經驗等。

（二）企業的執行能力

企業執行能力可從兩個層面分析，從組織層面來說，執行力就是把經過科學決策的方案有效實施的能力。從個人層面而言，執行力就表現為按質按量完成自己的工作任務。企業執行力的評價，則主要體現在速度與程度兩個方面。一個飯店執行能力的高低，主要取決於以下三個要素：

（1）企業文化（價值觀）。企業有明確的使命和追求的目標，所有人都意識到該做什麼，不該做什麼，而不是同床異夢。

（2）企業規則。明確規定做事的準則和處置的辦法，如對陽奉陰違、出勤不出力等情況的處理有明確規定；如工作一旦作出決策，就應堅決執行，除非出現重大錯誤。

（3）領導能力。飯店經理人透過卓越的領導技巧，指導、激勵、協調員工愉快地完成本職工作的能力。

三、科技創新能力

科技創新能力在飯店主要表現為設計、生產與銷售具有成本和品質優勢的服務產品的能力，具體包括：

（一）設計創新能力

飯店的設計創新能力（這裡主要指硬體設計），主要體現在以下三個方面：

1．概念設計

概念是飯店管理專家與企業經營者在深思熟慮的基礎上提出的，並體現在設計任務書中，包括飯店的外形、特色與基本功能等方面。對飯店企業來說，概念設計是非常重要的一個步驟。

2．功能設計

功能設計主要包括飯店的功能配置、功能布局、功能銜接等方面。

飯店的功能設計，必須與飯店的性質和風格保持協調，同時應該考慮功能能否兼容，哪些是亮點，哪些是配套的等方面的問題。以飯店的大門設計為例，一般應達到三方面的功能要求：醒目、吸引力；方便進出，保證交通暢通；隔音、隔塵、防風、恆溫等。

3．裝修設計

裝修設計決定飯店的風格、等級，也決定飯店的投資額度。如長期使用的設施一般需要用高檔裝修，而娛樂設施由於更新很快，要用相對廉價的裝修材料，但要注意獨特氛圍的營造。

（二）服務創新能力

服務能力是在飯店設計的基礎上，提供具有成本與品質優勢的服務產品的能力。服務創新能力，就是飯店在服務提供上別出心裁、另闢蹊徑、推陳出新的能力。其主要表現如服務滿足顧客需求、降低飯店與顧客成本、保證產品品質、創造自身特色、引領消費潮流等。飯店服務的創新，既包括服務理念的創新，也包括服務項目、服務流程、服務方式等的創新。關鍵在於能否創造獨樹一幟的服務，使飯店的服務因其新奇、獨特而對顧客具有吸引力。

（三）營銷創新能力

營銷能力是讓顧客理解、接受、欣賞飯店產品或服務的能力。

高層次的營銷創新是改變某些客戶的消費理念與消費方式，接受飯店的產品或服務，並讓顧客產生滿意感和忠誠感。成功的營銷可在一定程度理解為：其實你並不比別人好多少，但顧客就是覺得你比別人好。如飯店廣告讓顧客感覺「說到了我的心坎上，這就是我所需要的」。從總體上來說，飯店營銷能力的強弱，可從三個層面上加以檢驗：營銷理念、營銷策略與營銷策略。營銷理念是飯店營銷活動的指導思想。營銷策略的關鍵是在市場細分的基礎上，進行目標市場選擇與市場定位，即把市場分割為具有不同需要、性格或行為的購買者群體，選擇特定的顧客群體作為飯店的服務對象，並透過相應的產品或服務在目標市場上建立與傳播關鍵利益和特徵。營銷策略是飯店透過合適的產品策略、價格策略、管道策略與促銷策略來保證營銷策略的實現。

四、外部協調能力

外部協調能力，是指飯店企業與外部市場環境中各類關鍵角色之間的協調能力，主要表現為利益、目標、態度、行為的協調能力。

（一）利益協調能力

利益，即好處。在公共關係學中，利益是指社會組織和公眾各自在物質和精神上的需求的滿足。尊重各自的利益需求，確保在相互交往和合作中對方的利益和自身的利益都能較好地實現，是飯店關係協調工作的一項重要原則。利益協調能力的高低，主要從以下三個方面加以檢驗。

（1）能否認識利益共同點。在飯店與外部公眾關係問題上，既要明白自己的需求，又要弄清對方的需求，做到知己知彼。

（2）能否尋找利益共同點。飯店和公眾各自都有自己的需求。一方需求可以從另一方那裡得到，兩者就有了相關性。找到了

可以互補互利的對象，就有了建立協調關係的條件；找到了一致的利益，雙方合作就有了基礎。而雙方利益的共同點，是利益協調的關鍵部位。

（3）能否創造利益共同點。「尋找」還是主觀上的東西，只有實現了利益需求和願望，合作才落到了實處，相互關係才得到鞏固和發展。而「創造」則是指在飯店與公眾利益之間進行協調時，一方面，努力滿足對方需求，如果對方對自己有不滿意的地方，要及時自我糾正、調整，適應對方；另一方面，以各種手段影響對方，使對方能夠接受自己的意見或產品和服務等，達到自己的努力目標，滿足自身的利益需求。

（二）目標協調能力

目標是指想要達到的境地或標準。任何飯店或公眾都有自己既定的目標。飯店的目標是在一定時間、空間的動態範圍內所要爭取達到的一種未來的生存和發展狀況。飯店關係協調中所講的目標協調，就是將飯店目標、飯店成員目標、社會公眾目標統一起來，使三者達到和諧，保持一致。如果我們把飯店看作一個系統，那麼它內部的成員就是這個系統的構成成分，要使飯店能夠有凝聚力和穩定發展，飯店目標與飯店成員個體目標就必須在一個目的點或環上結合好。如果我們把飯店與相關公眾也看作是一個更大的系統的話，那麼，飯店的目標與相關公眾的目標也必須在一個點或環上取得一致，這樣，兩者才能形成穩定和諧的合作，建立起良好的關係。

飯店的目標協調能力，關鍵體現在目標的制訂和實現這兩個主要過程。在制訂目標時，要看能否充分吸收各個方面的意見，並加以綜合平衡，使飯店目標既符合內部成員意願，又符合相關公眾需要，企業自身需求也能得到保障。同時，還要看是否採取有效措施，對合作者產生影響，使其目標能與飯店的目標相吻合。在實現

目標過程中，要看能否對自身的發展和相關公眾的發展及時作出反應，對出現的目標距離和衝突及時加以調整，在動態過程中保持目標的統一和一致。

（三）態度協調能力

從廣義上來說，態度是我們對待事物的看法與心理傾向。人們的態度主要由人的價值觀決定。態度對人們的認識和行為具有一定的制約作用。它不僅會影響人的判斷、行為，也會預示人們的行為。態度協調的基本任務是：首先，幫助飯店和公眾雙方彼此透過接觸建立友好的合作態度；其次，當已經有了良好態度和初步合作以後，要強化雙方友好程度，推進關係進一步密切；最後，當雙方彼此態度不友好時，要積極改變這種態度，促使態度朝有利於合作的方向轉化。

態度協調能力主要體現在認知、情感、意向等幾個方面。認知協調主要是向相關公眾輸送準確的資訊，並幫助對方樹立正確的價值觀念，使對方有一個正確的、準確的、全面的判斷，克服偏見。情感協調主要是幫助飯店與相關公眾建立彼此間的友誼和好感，消除相互關係中的冷漠、敵視、仇恨等不利於關係建立和發展的感情障礙。意向協調主要是指培育相關公眾對飯店的合作思想傾向，糾正已經出現的不利於雙方合作的思想狀態。

（四）行為協調能力

行為是受思想支配而表現出來的活動。行為協調是指社會組織對自身的行為或公眾的行為進行調整，使雙方統一步調、統一行動，在行動上相互支持、相互配合，形成合作。

飯店行為協調能力主要體現在以下三個方面：一是能否透過協調，使飯店周圍的潛在公眾、知曉公眾轉化為行為公眾。也就是說，要把那些與飯店有關的公眾從潛在狀態、瞭解狀態動員起來，

投入到與飯店合作的行動中來。二是能否透過協調，與公眾建立良好的關係，並強化飯店與公眾之間的合作行為。

三是能否透過協調，使競爭行為、衝突行為化解，轉化為彼此合作。

五、內部凝聚能力

內部凝聚力是企業願景、企業氛圍和回報體系對員工的影響力。透過提供發展空間，改善工作環境，重視績效回報，給員工以希望、信心和幹勁。

（一）發展空間——給員工以機遇

飯店內部凝聚力的高低，首先看飯店能否給員工提供足夠的發展空間，使員工感到有眾多的機遇。傳統的人事管理往往把規範與控制員工的行為作為管理的重心，而不注重對員工能力的開發，導致飯店員工幹勁不足、能力缺乏的狀況。根據不同員工的特長與潛質，讓員工有發揮自身才智的空間，在此基礎上實現群體的優勢互補，是企業活力的源泉。因此，要提升員工對企業的忠誠度，就必須實現人力資源管理重心的轉移，從規範員工行為向開發員工潛能轉變，重視員工的成長，同時實現飯店的目標與員工個人的目標。

（二）工作環境——給員工以溫暖

飯店內部凝聚力的高低，其次看飯店是否給員工創造了良好的工作環境，讓員工感到快樂和溫暖。適度的競爭是必要的，但員工也需有壓力釋放的空間。透過競爭機制，使員工產生一種力爭上游的乾勁；透過良好的工作環境，又讓員工擁有和諧、友善、融洽與心情舒暢的感覺。飯店員工有生理、安全、社交、自尊與自我實現等方面的需要。為此，要使員工生活社會化、交往廣泛化與保健科學化，為員工提供物質、社會的保障。透過建構更人性化的工作環境，以及透過法律和社會保障體系保證員工的基本權力、利益、名

譽、人格不受侵害，保證員工的基本生活與社會交往需要，是增強員工內部凝聚力的重要手段。

（三）績效回報——給員工以待遇

飯店內部凝聚力的高低，還要看飯店是否建立了科學的績效回報體系，使員工感到心有所獲，勞有所得，貢有所獎。有效的績效回報制度可以吸引優秀人才，降低員工的流失率，促使員工努力工作。透過績效回報，不僅使員工的生活得到保障，而且使員工的自身價值得以實現。飯店的績效回報制度主要有用人制度、培訓制度、薪酬制度和獎勵制度等。要使員工對飯店的回報感到滿意，必須重視員工的個性化需要，結合職位、貢獻的不同，科學安排薪酬結構，同時重視非物質報酬的作用，如領導關懷、提供培訓機會、職務提升等。

第二章飯店策略總體定位

導讀

　　飯店策略是飯店企業在未來時期發展方向和建設的藍圖，對飯店的經營活動起著統率全局的重要作用。為了保證飯店策略導向的正確，飯店經營者必須從總體上思考三個問題：飯店企業使命是什麼？飯店的策略目標如何？飯店應該是一個怎樣的形象？即首先必須進行總體定位，也就是說透過明確企業使命，設定策略目標，確定業務領域，並以某種方式傳達給客戶，來創造一個特定的企業形象。本章第一節主要分析飯店企業使命的含義和表述。第二節主要闡述飯店策略目標的制訂。第三節主要論述飯店企業形象的定位。

第一節飯店企業革命

　　管理大師彼得‧杜拉克（Peter Drucker）認為：「使企業遭受挫折的唯一最主要原因恐怕是人們很少充分地思考企業的使命是什麼。」飯店企業在展開日常經營前，一般應先明確自己在社會經濟活動中所扮演的角色，所履行的責任，所從事的業務性質，即弄清企業的使命。如果使命不清，方向不明，飯店就無從確定自己的經營目標，制訂實現目標的經營策略。

　　一、企業使命的含義

　　一個企業不是由它的名字、章程和條例來定義的，而是由它的使命來定義的。企業使命闡明企業的根本性質與存在理由，說明企業組織的宗旨、信念，以及所從事的事業及其目的與方向。

以下是一些著名飯店集團的使命：

（1）威斯汀飯店集團：提供高品質的產品和服務，承擔員工的晉升發展、社區的服務，成為模範的經營者和獲取利潤的責任等。

（2）假日飯店集團：（20世紀）80年代初其使命為：以廉價、潔淨、舒適、安全為口號，在住宿、餐飲、娛樂、交通行業提供服務的一個多元化經營的國際化企業。（20世紀）90年代初其使命為：努力成為一家在世界上受顧客和旅行社偏愛的飯店和飯店特許經營企業。

（3）瑪裏奧特集團：透過有效培訓員工使其提供出色的服務，致力於成為世界最佳住宿和餐飲企業，給股東以最大回報。

（4）香格里拉集團：我們的願景是「成為顧客、員工和經營夥伴的首選」；我們的使命宣言是「為顧客提供物有所值的特色服務與創新產品，令顧客喜出望外」。

（5）四季飯店集團：四季飯店主營飯店及渡假區接待業務，提供高品質的服務。四季飯店集團的目標是：無論位於何地，四季都必須成為人們所認為的那種經營最好飯店、渡假區及渡假區遊樂場所的公司。

從上述例子可以看出，企業使命回答的是企業存在的理由，即企業「立身之本」的宣言。它是一個企業區別於其他類似企業的長期適用的對經營目的的敘述，反映了企業的最高追求。

企業使命明確了企業在社會生活中所擔當的角色和責任，並將這種角色和責任貫穿於企業活動的始終，為員工、顧客以及其他利益相關者提供一個認同的形象。一般來說，絕大多數的企業使命是高度概括和抽象的，企業使命不是企業經營活動具體結果的表述，而是企業展開活動的方向、原則和哲學。

企業使命作為企業的立身之本，總會有反映企業本質的規定性。企業要想生存和發展，就必須保證企業各相關組織和群體的利益。所以，從企業的權利要求者角度，企業的生存之本可概括為顧客、股東、員工、社會「四滿意」原則。即為顧客創造價值，為股東創造利潤，為員工創造利益，為社會創造財富。短期內，四個主體可能存在利益衝突，不同時期可能各有側重點。但從長期看，「四滿意」主體存在著相互依存、相互促進的關係。在對「四滿意」

主體的考慮中，企業最終回報來自顧客。正因為如此，杜拉克認為，企業只有一個利潤中心，那就是顧客口袋；經營只有一個目的，那就是創造顧客。「企業的目的只有一種適當的定義：創造顧客。」

所以在企業生存之本中，特別值得強調的是顧客滿意。

同時，企業使命揭示了企業想要成為什麼樣的組織和服務於哪些顧客等內容，從這個意義上說，企業使命反映了一個企業的形象。企業形像是企業以其產品和服務、經濟效益和社會效益給社會公眾和企業員工所留下的印象，或者說社會公眾和企業員工對企業的整體看法和評價。良好的形象意味著企業在社會公眾中留下了長期的信譽，是吸引現在和將來顧客的重要因素，也是形成企業凝聚力的重要因素。良好的企業形像是企業寶貴的無形資產。

大量管理實踐表明，那些繼往開來、一代又一代走向成功的企業，那些組織人事變更後仍緊密團結的企業，關鍵在於企業全體員工有一個共同高舉的策略旗幟——企業使命。

二、企業使命的要素

根據前面所述的飯店使命的基本含義，我們可進一步得出確定企業使命須考慮的基本要素。

（一）顧客

企業的目標顧客是誰？這是確定企業使命需要優先考慮的問題。只有明確界定企業的目標顧客群，識別他們的真正需求及其變化趨勢，才有可能進一步開發出滿足他們需要的產品或服務。

（二）產品或服務

這裡需要回答的問題是，企業能為顧客提供什麼產品或服務？企業應為顧客提供哪些產品或服務？即闡述企業經營的主要產品或服務領域，以及企業為顧客提供的產品或服務的功能與用途。

（三）市場

企業在哪些區域、哪些方面參與競爭？即明確界定競爭的空間，在哪些區域為消費群體供應產品或服務，在哪些區域與關鍵的競爭對手展開角逐。

（四）技術

企業的基本技術是什麼？技術競爭力表現在哪裡？即界定企業在為目標顧客提供特殊功能與用途的產品或服務中正在或可能使用的技術。假如企業的策略基於向目標顧客供應領先產品或服務，就必須具有超越競爭者的創新管理能力。

（五）對生存、發展與盈利的關注

企業採用哪些經濟指標來衡量業績？企業的生存、發展、盈利等方面的經濟目標決定著企業的策略方向。企業必須兼顧長期目標與短期目標。只有真正關注長期發展的企業，才能完成自身的特殊使命。

（六）經營理念

企業的基本信念、價值觀、哲學觀和道德傾向是什麼？每個企

業都存在隨著時間演變的價值觀、信念、儀式、故事及實踐的體系或模式，這些共有的經營理念在很大程度上決定了員工的看法及其對周圍環境的反應。

（七）自我意識

企業的長處與弱點是什麼？主要的競爭優勢表現在哪裡？即企業對於自身競爭優勢或獨特資源與能力要素的認知。企業客觀地評價自身的優劣要素，明確自身在行業中的位置，是制訂企業策略的重要依據。

（八）對公眾形象的關注

企業希望樹立怎樣的公眾形象？策略決策者應該認真考慮公眾對於企業的期望，考慮對社區、社會和環境承擔相應的責任，以樹立良好的企業形象。

（九）對員工的關注

企業對於員工持何種態度？這關係到員工隊伍的穩定和企業凝聚力強弱。企業是否把員工視為寶貴的資產，同企業能否獲得長期發展密切相關。因此，企業應考慮員工在物質與精神上的需要。

三、企業使命的表述

企業使命表述是指對企業最重要意圖的總體陳述。企業不必刻意追求一個多麼偉大、正確的理念，而要切合自身實際，確立具有自身特色的、能凝聚和激勵員工的使命，並達成上下共識，堅持下去，成為企業取勝的「利器」。

在運用企業使命以區分經營界限和定位企業時，飯店企業的策略決策者必須注意以下問題：

（一）具體性與一般性

企業使命是對企業態度和展望的宣言，而不是對具體細節的概括。其陳述比較籠統主要基於以下兩個原因：①一個好的使命陳述應有助於產生和考慮多種可行的目標和策略，應避免不適當地抑制企業各部門的創造力。過於細緻的規定限制企業創造性增長潛力的發揮。②使命陳述需要足夠的概括，以便有效地調和企業與不同利益相關者，即有特殊利益或權利的個人或集體間的矛盾。一個好的使命陳述應表明飯店企業對不同利益相關者的相對重視程度。

（二）「產品導向」與「需求導向」

一個好的使命陳述應體現對顧客的正確預期，企業的經營宗旨應該是確認顧客的需求，並提供產品和服務滿足這一需求，而不是首先生產產品，然後再為它尋找市場。理想的使命陳述應認定本企業對顧客的功效。立足需求特別是創造需求來概括企業的存在目的，可以使企業圍繞滿足不斷發展的需求，開發出眾多的產品和服務，獲得新的發展機會。在《營銷近視》一文中，西奧多·萊維特提出了下述觀點：企業的市場定義比企業的產品定義更為重要。企業經營必須被看成是一個顧客滿足過程，而不是一個產品生產過程。產品是短暫的，而需求和顧客則是永恆的。馬車在汽車問世後遭淘汰，但人們的交通需求是不變的。如果一個公司將其使命定義為提供交通工具，那它就不會遭淘汰，它可以從馬車轉入汽車生產。下述有關商品效用的歌謠對於使命陳述很有參考價值。

不要給我東西。

不要給我衣服，我要的是迷人的外表。

不要給我鞋子，我要的是兩腳舒服，走路輕鬆。

不要給我房子，我要的是安全、溫暖、潔淨和歡樂。

不要給我書籍，我要的是閱讀的愉悅與知識的滿足。

不要給我MP3，我要的是美妙動聽的樂曲。

不要給我工具，我要的是創造美好物品的快樂。

不要給我家具，我要的是舒適、美觀和方便。

不要給我東西，我要的是想法、情緒、氣氛、感覺和收益。

也正因為如此，迪士尼公司強調了組織娛樂休閒活動而不是提供娛樂場所；瑪麗化妝品公司強調了創造魅力和美麗，而不是生產化妝品。

（三）範圍的窄與寬

企業使命過窄，會使決策者目光短淺，忽視鄰近市場重要的策略機會與威脅的風險；企業使命過寬，則會分不清經營的主要特點以及現在和未來的經營範圍。這兩種情況都會阻礙企業的成長與經營業績的提高。

在範圍上，企業使命表述的最好方法就是在企業目前產品需求的基礎上提高一或二檔的抽象水平，並注意多元化發展的企業可有較寬泛的使命。這樣做既有利於企業的進一步發展又不會失去具體的業務方向。

（四）靜態性與動態性

企業使命制訂後，並不是一勞永逸的。一個企業的使命起初都是明確的，但過了一段時間，便應對其進行分析，以決定它是否需要修改。因為企業的經營環境、市場地位、高級管理人員、所採用的技術、資源供給、政府法規和消費者需求的變化，都會導致企業使命部分甚至全部過時。只有動態的企業使命才能有利於企業的發展。飯店領導者應及時修改或制訂使命，以充分發揮使命對全體員工的激勵作用。如20世紀50年代，威爾遜的汽車旅館概念及後來的特許經營概念，使商業飯店在斯塔特勒（E.M.Statler）之後發生了根本性的變革，使得飯店集團在全球範圍內迅速擴張，促使所經

營事業不斷拓展。又如20世紀50年代，美國公共遊樂場所將自己確立為狂歡的場所，使許多遊樂公園走向破產，而著名的迪士尼樂園將自己確定為提供演出展覽、騎馬旅行以及全國知名表演藝術家演講等配套娛樂活動的主題公園，促使其所經營的事業不斷拓展。

第二節 飯店策略目標

企業使命從整體上描述企業存在的理由和發展的前景，而企業目標則具體指明在實現使命過程中所需追求的最終結果。它反映企業在一定時期內經營活動的方向和所要達到的水平，它既可以是定性的，也可以是定量的。與企業使命不同的是，策略目標要有具體的數量特徵和時間界限，一般為3～5年或更長。顯然，一個簡明、清晰、生動、明確的使命表述，再輔之以深入、細化、現實、可行的企業目標，定能激發士氣，鼓舞鬥志，從而充分調動員工積極性。

一、飯店策略目標的構成

「公司的目標可以集中企業資源、統一企業意志、振奮企業精神，從而指引、激勵企業取得出色的業績。策略制訂者的任務就是在於認定和表明企業的目標。」策略學家約翰‧基恩（John Keane）如此強調策略目標對企業的重要性。

策略目標是指企業在一定時期內，根據其外部環境變化和內部實力的可能，為完成使命所預期達到的成果。策略目標是企業策略的重要組成部分，它指明了企業的發展方向和操作標準。

制訂策略目標的基本依據是企業的使命，此外，還受高層管理者的社會價值體系影響。因此，關於企業策略目標的內容，不同行業中的企業，不同發展階段和規模的企業，不同環境條件下的企

業，未必是一個範式。具體來說，飯店企業的策略目標，大體上由以下幾大目標組成：

（一）社會貢獻目標

在中國，飯店企業是社會主義市場經濟機體的一個細胞，它的生存和發展取決於社會對它的承認。而社會對它的承認則取決於它對社會作出的貢獻，即飯店履行社會義務的情況。一般說來，飯店對社會的貢獻目標主要表現在四個方面：

（1）在促進對外開放，改善投資環境，發展社會公益事業，以及促進本地區社會主義精神文明建設方面的目標。

（2）在擴大勞動就業，安排失業人員，保證社會穩定方面的目標。

（3）在強化基礎，改革創新，提升管理水平，促進本地區企業管理水平提高方面的目標。

（4）在滿足社會需要，累積建設資金，促進地區經濟繁榮方面的目標，通常用接待人次、利稅等指標來表示。

（二）企業發展目標

飯店的發展標誌著飯店經營的良性循環得到了社會的承認。它是飯店經營管理的內在動力和企業發展的後勁，對於增強飯店的市場競爭能力是至關重要的。飯店的發展目標主要表現為飯店等級的提高、規模的擴大、設施項目的增加、經營範圍的擴大等方面的目標。

（三）市場經營目標

市場是飯店生存的空間。飯店市場目標主要表現為原有市場的鞏固、潛在市場的開拓和新市場的創造。它以企業知名度、美譽度、滿意度、忠誠度來表示。知名度側重於影響的範圍，美譽度則

表示影響的好壞程度，忠誠度是指顧客經常購買本飯店產品或向他人引薦本飯店產品的程度，它是顧客滿意的結果表現。市場經營最基本的指標是：營業收入、平均房價、人均消費、市場占有率、境外客人所占比例、團隊客人所佔比重等。

（四）人力資源目標

人力資源是飯店最重要的策略資源。飯店人力資源管理的目標可以用人員流失率和員工滿意度這兩個最基本的指標來表示。人員流失率是飯店所不希望流動的人員的離職情況的數據，特別是重要職位的流失。員工滿意度反映了飯店的綜合管理水平，既有飯店管理政策和制度的科學性的問題，也有各級管理者的素質的問題。

（五）財務管理目標

經濟效益是飯店一切經營活動的原動力，它不僅關係到全體員工的切身利益，也決定著飯店的發展。飯店的財務管理目標主要有兩大目標，一是資金目標。資金是飯店企業正常運行的基本要素，一般可用資本結構、現金流量、新增普通股、運營資本、貸款回收期等財務指標表示。二是盈利能力目標。盈利能力反映了企業給業主、股東的回報率和經營效益大小，一般可用營業收入、利潤總額、投資收益率、銷售毛利（淨利）等指標來表示。當然，要取得良好的經濟效益，除了擴大收入來源外，還必須有相應的成本控制目標。

二、飯店策略目標的要求

策略目標設計要反映企業使命要求，同時又要具有可操作性，考慮企業內外環境匹配，最好以結果為導向。策略目標及其子目標應達到SMART原則的要求。

（一）具體性（Specific）

目標應該具有明確的主題，避免使用含糊不清、華而不實的抽象語言與毫無實際意義的空話，如「成為飯店業盈利能力最強的企業」，「成為勇於進取的餐飲食譜創新者」等。目標清晰明確，才有可能進一步具體化，分解成一項項具體的工作任務，並轉化為企業中每個員工的行動指南。

（二）可衡量性（Measurable）

目標應該是進行相應量化的，是可以加以準確衡量的，是可以在事後予以檢驗的。定量化是使目標具有可衡量性的最好辦法。當然，有許多目標是難以量化的，時間跨度越長、層次越高的目標越具有模糊性。

（三）可實現性（Attainable）

目標必須適中、可行，既不能脫離企業實際定得過高，也不可妄自菲薄定得過低。通俗地說，就是對目標的度的把握。目標過高，可望而不可即，必然會挫傷員工的積極性，浪費企業資源；目標過低，無須努力就可輕易實現，又容易被員工所忽視，錯過市場機會，失去激勵作用。一般而言，確定策略目標應進行縱向和橫向的比較分析。縱向分析要實現跳躍發展，具有興奮感；橫向比較要實現競爭地位提升，具有超越感。

（四）相關性（Relevant）

目標與企業使命相互關聯，而子目標與總目標相互關聯，即目標應圍繞企業使命展開，下層次的目標應圍繞高層次的目標展開。策略目標是為了把使命表述更加具體化，反映了使命所要達到的最終目的。企業準備做什麼所涉及的只是具體行動方案，而企業準備做成什麼才是最終的目標。因此，在設計與分解過程中，策略目標必須體現多層次多部門目標之間的相互關聯性，要使其形成一個「相互支撐的目標矩陣」。透過對企業策略目標按層次或時間進行

分解，可構造成一個目標體系，使企業的各個業務單元甚至每個員工都能明白自身的任務與責任。這樣，既能有效避免企業內不同利益團體之間的目標衝突，使策略目標之間相互聯合、相互制約，又能使策略目標進一步細化為具體的工作安排，轉化為實際行動。策略目標體系表明，下一層次的目標成為實現上一層次目標的手段，從而透過目標—手段鏈將總體目標與子目標聯繫起來，並形成具體的、可衡量的、有層次的目標體系。

（五）時間性（Time-bound）

企業目標必須有實現時間期限，表明起止時間。首先，目標是在一定時期內要達到的，若沒有提出相應的時間要求，就難以區分各項目標的相對重要性與緊迫性。其次，目標的時間性也意味著企業可以對各項任務按照時間段進行考核，而且一旦出現與預期不相符合的情況，可以進行相應的追蹤調查，追溯特定期間內相應的責任人。最後，目標是變化發展的，決策者應根據企業內外部環境的變化及時地修正目標。

三、 飯店策略目標設計的程序

一般來說，飯店策略目標設計包含調查研究、擬定目標、評價論證和目標決斷等階段。

（一）調查研究

這裡的調查主要是針對飯店的外部環境、自身資源等，以便對機會與危機、長處與短處、飯店與環境、需要與資源、現在與未來加以對比、分析，為確定策略目標奠定比較可靠的基礎。調查研究一定要全面進行，同時又要突出側重點，側重於企業外部環境的關係和對未來變化的研究與預測上。

（二）擬定目標

在調查研究的基礎上，擬定策略目標方向和策略目標水平。首先在既定的經營領域內，依據外部環境、需要和資源的綜合狀況，確定目標方向，透過對現有能力與手段等諸種條件的全面估量，對沿著策略方向展開的活動所要達到的水平也作出初步的規定，由此便形成可供選擇的目標方案。此時，要儘量形成多個備選方案，以便於對比選優和避免讓決策者只有一種備選方案可供選擇。

（三）評價論證

策略目標擬定後，就要組織多方面的專家和有關人員對提出的目標進行評價和論證。評價和論證主要圍繞目標方向的正確與否進行。同時對目標的可行性和完善性進行評價和論證。其中完善性主要是指目標是否明確，目標的內容是否協調一致，目標有無改善的餘地等方面。

對擬定目標的評價論證過程其實就是目標方案的完善過程。透過方案評價論證，找出目標方案的不足，並設法使其完善起來。

（四）目標決斷

就是在目標評價論證的基礎上選擇最能實現企業使命的方案。在此問題上，要避免在機會和困難還沒有弄清楚之前就草率定案；另一方面，又要避免無休止的拖延，坐失良機。

第三節 飯店企業形象

企業形像是指飯店及其行為在社會公眾心目中的評價、感受和地位，是飯店的表現和特徵在公眾心目中的綜合反映。飯店形象是飯店經營活動中寶貴的無形資產，是飯店非價格競爭的重要內容。因此，飯店的策略必須確定自身的企業形象。飯店的企業形象與飯店的策略方針、經營業務等緊密相關。

一、飯店策略方針的制訂

策略方針是策略期內指導企業組織行為的準則。它明確了企業的經營管理的重心和基本思路，概述了建立目標、選擇策略和實施策略的框架結構。

飯店策略方針的制訂，一方面要考慮到企業所處的特定環境和自身的主客觀條件，另一方面要符合自身的使命和目標。策略方針應有助於確保企業中的一切單位按相同的基本準則來行動，有助於組織內部各單位之間的協調和資訊溝通。換句話說，策略方針應有助於成功地實現組織的目標和策略的實施。

案例2-1

遠洲集團的策略方針

遠洲集團的發展，策略上應當以「立足現實，放眼未來，循序漸進，適度超前，內整外聯，持續發展」作為指導思想，並堅持以下策略方針：

——鞏固原有產業，拓展新的領域

鞏固、發展飯店業、房地產業和石化產業，在有資金累積和人才儲備的基礎上，根據地區經濟發展需求、自身比較優勢開闢新的產業領域，如現代物流業等。應對新世紀市場競爭的基本格局與發展態勢，選擇房地產業、飯店業和物流業作為「遠洲」產業的三個支撐點，這是符合集團策略性的產業方向和發展要求的。相應地，集團的產業在總體上應該形成一種「一體兩翼」的基本構架。

——立足臺州，面向全國，定位於中等城市

集團在臺州具有地利、人和的優勢，有利於各項業務的展開。同時臺州又是一個經濟迅速崛起的地區，蘊藏著巨大的商機。本著最大限度地發揮自己優勢的原則，集團在策略期內應立足於臺州，

面向全國；根據集團公司目前的經濟實力、人才實力和市場占領水平，集團的業務應定位於中等城市。

　　——資本運作，實施關聯領域多元化經營

　　產品經營是企業經營的初級階段，也是基本形式，當市場運作到一定階段後，企業要比較快的發展，取得競爭優勢和市場控制力，獲得豐厚的投資回報，就必須進行資本運作。所以，集團在發展過程中，要確定產品經營和資本經營同時進行的運作模式，同時根據自身的比較優勢在服務業領域實施適度的多元化經營。

　　——以人為本，營造科學靈活的經營機制，實現可持續發展

　　遠洲集團目前的成功，主要是靠集團總裁的個人能力和魅力造就了企業的成功，可以說是一種「強人企業」，即帶有濃厚的企業家個人色彩，在「強人」企業家出色的市場嗅覺、策略抉擇和管理創新能力牽引下，企業能夠快速啟動，完成一次創業的累積。但是，從企業成長的規律來看，要實現企業的持續增長，並且有發展的後勁，就必須構築形成企業核心競爭力的管理平臺，使創新發展由企業家行為轉變為一種企業機制。而要達此目標，集團就必須注重創造良好的人才成長環境，實施科學、合理、靈活、快速反應的經營機制，把握市場脈搏，實現企業健康、可持續的發展。

　　——審時度勢，主動參與全球性競爭

　　由於交通、通信及網路等新技術的飛速發展，全球化與經濟一體化，使整個世界變成了一個地球村。全球市場已經成為任何企業都必須考慮的問題。大型跨國公司無疑是進行全球化經營的主角，但遠洲集團也不能迴避這一問題，而應從策略的高度積極主動地進行參與。

　　——積極探索，率先實施全面知識管理

隨著知識經濟時代的來臨，知識對經濟增長和企業發展的貢獻比例逐漸增大。在以知識為核心的社會中，企業必須依靠全面的知識（不再僅僅是產品的技術）取得長期的競爭優勢。因此，企業必須重視全面知識管理，促進企業的發展與管理的變革。全面的知識除已經用文字表述出來的各種經驗知識之外，還包括把資訊、技術、產品、人才、資本和服務等要素組織起來的方法和系統，企業員工的素質、理念，企業的聲譽、品牌、文化等。知識管理是對企業各項業務活動中包含的各種各樣的知識資源所進行的管理。它包括對各部門已有知識資源的收集、溝通、利用、完善和共享；對知識資源的形成和創造過程進行激勵、疏導和管理；對全體員工進行培訓，對業務流程進行優化，建立和維護內部知識資源共享平臺，以及保護和利用企業知識產權等。

二、飯店經營業務的決策

經營業務的決策，最主要的是確定企業的經營範圍和經營重點。

（一）經營範圍

經營範圍，是指在一定時期內，旅遊企業根據自己的資源特點所確定的生產產品的種類或服務的領域。它反映企業目前與其外部環境相互依賴的程度，也可以反映企業計畫與外部環境發生作用的要求。企業的經營範圍一般由以下因素決定：一是企業的初始策略；二是產品的多角化發展方向；三是市場的變化；四是政治、經濟形勢的變化。

經營範圍的確定，應遵循以下原則：

（1）集中優勢原則。企業資源的有限性將迫使企業集中主要力量去發展自己的優勢，若資源使用過於分散，會使企業失去整體優勢。因此，在確定經營範圍時，必須注意利用有限資源，保持企

業優勢，避免將企業的經營範圍擴展得過大。

（2）相對穩定原則。相對穩定是指不要頻繁更換經營範圍，以保證策略計畫的實施。因為進行經營範圍的調整，企業是要付出一定代價的。

（3）合理性原則。所謂合理，是指確定和調整企業經營範圍一定要從企業實際出發，要保持企業優勢，把企業按客觀環境要求進行經營範圍選擇的必要性與企業內部實力的可能性結合起來。

（二）經營重點

經營重點，是指在一定時期內，飯店企業根據自己的經營範圍所確定的企業資源的重點投向，也就是飯店的重點經營項目或產品。

為了實現經營目標，必須確定企業的優勢和劣勢，從而找出影響企業目標實現的關鍵因素作為企業的經營重點。

確立經營重點的方法，一般有以下三種：

1．市場剖析法

市場剖析法，就是根據飯店市場的消費傾向和人無我有的準則，決定自己的經營重點。這種方法的關鍵是注重研究消費潮流，尋找市場空隙。「喜新厭舊」，這是人們的一種消費特點。新的消費理念與方式，往往孕育著巨大的市場潛力。所以，飯店必須注重市場的預測，注意輿論導向，關注各種名人、明星和流行事物的傾向和排行，把握社會的消費潮流，及早發現人們的消費傾向，以便搶先發現各種消費潮流的先兆，及早設計並提供適應消費潮流的產品與服務。同時，飯店面臨的是一個龐大的異質市場，在這個市場上，消費者的需要、愛好、特徵等是不一樣的。飯店尋找並把握市場機遇，關鍵是要結合自己的長處，選準市場上的空缺，樹立一個

獨特、鮮明、新穎的特殊形象。因此，如何慧眼識「缺」就成為關鍵因素。

2．比較排除法

比較排除法，就是將本企業的主要經營活動和競爭對手進行比較，找出差距。然後按照邏輯排除的方法，進行肯定與否定的分析，從中發現主要經營問題；最後根據企業的主要經營問題確定策略期的經營重點。

3．專家診斷法

專家診斷法，即聘請專家顧問對飯店企業的內外環境進行分析診斷，確定飯店企業經營的優勢與劣勢，然後來確定企業的經營重點。

案例2-2

開元旅業集團飯店產業的策略定位

總體上講，中國飯店業富含發展機會，但由於影響飯店發展機會的因素複雜，擺在飯店業面前的發展路徑很多。由於目前開元集團以四星級左右的飯店作為業務經營重點，所以我們以此為起點進行分析。從目前的業務起點，理論上可以有以下幾條發展路徑：

四星連鎖：選擇適當區域，走四星級連鎖發展的道路；

高端發展：以東部地區為主要發展區域，逐步發展五星級，走四星級與五星級高檔飯店同時發展的道路；

混合發展：以中國全國區域為發展空間，選擇不同區域發展不同等級類型飯店的混合發展道路；

重心下移：逐步向中西部轉移，憑藉四星級飯店管理的軟體優勢，重點發展經濟型飯店。

一、發展路徑和成功要素的關係分析

整合經營、人力資源、品牌經營、關係營銷和資訊技術五個因素，雖然都是影響中國飯店未來發展成敗的關鍵，但是從開元集團目前以四星級為主導經營的飯店業務角度出發，面對四條可能的未來發展路徑，五個因素對每條可能的路徑發展的成敗影響力度有所不同，下面透過五分制打分法，給五個影響因素對四條可能發展路徑的影響力度進行打分，最高為5分，最低為1分。這裡的打分，僅僅造成相對的排序作用，最低分僅代表其在該條路徑中與其他四個因素相比，影響力度相對較小，但並不表示該因素對於該條發展路徑不重要。

1．四星連鎖

第一，四星級連鎖發展對標準化的管理要求較高，因此，飯店規模化、集團化與共享化整合經營是連鎖發展成敗的首要因素。整合經營不僅在流動物資等硬體上可以充分共享，獲取規模經濟，而且在標準化管理、人才的標準化培養等軟體方面也將獲得巨大優勢。第二，連鎖發展中重要的無形資產之一就是連鎖的品牌。透過品牌經營，獲取品牌規模效應，在連鎖化擴張中可以降低目標市場的進入障礙；同時，同一等級（四星級）的飯店連鎖經營反過來又有利於進行品牌管理，二者可以在互動中共同發展。第三，連鎖經營的一個基本要求就是資訊的共享與流動，因此，管理資訊化是連鎖發展能否成功的一個重要決定因素。第四，連鎖發展要進入不同的地區開拓市場，因此，能否建立與當地利益相關者良好的關係是決定市場開拓成功與否的一個重要因素。第五，雖然目前飯店高層管理人員缺乏，但是對於管理標準化要求較高的連鎖經營模式，可以透過在各個分店培訓高級管理人才，然後將其輸送到需要之處，由於是標準化管理，在人才的培訓上可以充分利用現有資源，因此，對於連鎖化經營發展，人力資源的問題可以透過自身得到很大

程度上的解決，相對於其他幾個因素來說，人力資源的重要性相對較弱。

2·高端發展

中國東部地區經濟發達，商務活動頻繁，適於發展四、五星級的高檔飯店。雖然都是高檔飯店，但四星級與五星級無論從硬體設施上，還是從軟體管理服務上，都相差較遠。因此，一向以四星級經營為主的飯店集團，要想做五星級飯店，還要對自身素質有相當程度的提升，其中，第一重要的就是對目前五星級飯店經營所爭奪的焦點——高層管理人員素質的提升。第二，高檔飯店的消費者追求的不僅僅是吃和住，品牌對這類消費者來講尤其重要，同時，品牌也是高等級的另一種表現。第三，由於高檔飯店面對的顧客往往是國內外的商人，這類消費者有較強的目的性與時間觀念，希望得到的是高效舒適的住宿環境，並通常透過INTERNET進行網上預訂，這就要求飯店展開較為完善的旅遊電子商務和管理資訊化，以提高服務效率。

第四，高檔飯店，特別是五星級飯店日益趨向特色化發展，因此，整合經營所能為高檔飯店帶來的優勢沒有它在其他幾條路徑中明顯。

3·混合發展

在全國範圍內尋找機會，經營不同類型的飯店，勢必導致所需的管理以及服務各有差異，要求飯店集團要擁有不同層次和不同管理風格的人才。因此，人力資源是混合發展中第一要解決的問題。第二，鑑於混合發展是屬於「伺機而動」型的策略，即哪裡有機會，就要到哪裡投資。因此，走混合發展的道路對資金投入有較高的要求，融資管道與集團財務的共享是混合發展的關鍵，也即整合經營是混合發展的有力支撐。第三，雖然混合發展趨於飯店經營中

的「多元化」，但這種「多元化」完全可以共享一個管理資訊系統平臺，從而提高整個集團的運作效率。第四，各種等級與類型的飯店所面對的顧客群體不同，實施統一的關係營銷模式在操作上有所困難，而針對不同客戶群體採取不同的關係營銷耗費資源較大，採用此種策略時，要權衡利弊而為之。第五，由於經營飯店的類型、等級與定位各有不同，故維護統一的品牌操作較為困難，而採用不同的品牌分別運作，則牽涉資源巨大，得不償失，所以品牌經營相對於其他幾個因素來講，重要性有所弱化。

4．重心下移

重心下移就是發展經濟型飯店，這也是一種連鎖經營。唯一不同的是，經濟型發展定位於一、二星級的低檔飯店，而上面所提的四星連鎖定位於四星級飯店。所以，影響經濟型發展的因素前三位的排序與連鎖經營類似，不同的是經濟型發展對關係營銷要求不高。經濟型發展的飯店所面對的顧客群體是一般旅遊者，這類顧客選擇飯店的隨意性較大，大多選擇鄰近旅遊景點的飯店，並對價格的敏感性極大，用四星級飯店的管理與服務經營經濟型飯店，在軟硬體上固然占有無可比擬的優勢，但這種經營模式很難降低價格，這樣，高價格對關係營銷的效果有所弱化，甚至關係營銷很難造成維繫顧客的作用。因此，在經濟型發展道路中，關係營銷的作用相對較小。

二、開元飯店業務的優劣勢綜合評判

若將開元旅業集團飯店業務內部優劣勢分別歸入以上五大關鍵要素中去，那麼這五大關鍵要素在開元旅業集團飯店業務內部條件上表現出以下排序關係：區域性品牌（0.35），區域性關係營銷（0.3），區域性整合經營（0.15），人力資源（0.15），管理資訊化（0.05），括號中表示內部優勢的權重。區域性品牌表現在以下幾個方面：浙江開元蕭山旅館屬於蕭山地區的老字號，在同行業

中享有盛譽，目前雖然硬體有所落後，但其優質的服務使其在當地仍然保持良好的品牌形象；杭州開元之江渡假村開創了杭州以休閒渡假為定位的飯店的先河，品牌滲透力較強；寧波開元大飯店定位於娛樂，各類明星的頻頻下榻造成不斷增強其聲譽的效果；臺州開元大飯店在當地的品牌形象也位於前茅。因此，區域性品牌在五個因素中，位於第一位無可爭議。區域性關係營銷主要表現在開元與銀行、供應商和客戶之間長期以來建立起的相互信任與支持的無形資源。例如，開元可以憑藉銀行對其的信任，較為容易地在短時期內融到大額資金進行周轉。由於開元的飯店業務目前還僅涉及浙江省的幾個地市，地域上的鄰近經營為其培育整合經營的能力奠定了良好的基礎，但是，由於開元集團對下屬飯店業務單元有合資所有，也有控股經營，這種多樣化的所有關係給予開元快速提升整合經營能力造成了一定的困難。開元集團無論是飯店業務單元，還是房地產業務單元，都面臨著中高級管理人才緊缺的狀況，這也是困擾開元的一大難題。雖然飯店業務單元憑藉其多年的經營，對人員有所儲備，但儲備的人員往往是中低層人員，要依靠這類人員去經營新開創的飯店業務，則在人力資源上沒有明顯優勢。最後，開元集團飯店業務單元發展最差的就是管理資訊化，目前開元的各下屬飯店還未能共享管理資訊化平臺，這將嚴重阻礙開元的起步發展。

三、飯店業務未來發展策略路徑的選擇

這裡將對開元集團飯店業務單元五大關鍵因素的權重評價，分別與四條發展路徑中各因素的得分相乘，結果如下：

從最終的得分情況來看，連鎖發展與東部高檔發展兩條發展路徑似乎相同，但如果注意到開元的品牌影響與關係營銷都侷限在浙江省內，則立足於浙江省，小範圍逐步向東部地區擴展是比較現實的途徑。然而，四星級連鎖發展同樣也可以先從浙江省內做起。如果考慮到開元集團的房地產業務與飯店業務之間的連動發展，開元

集團可以考慮走東部發展四、五星級的高檔飯店的道路。但是同時也要充分考慮到可能面臨的人力資源瓶頸。如果走四星連鎖的發展道路，則需要關注整合經營能力的培育。

實際上，從目前的情況看，開元集團面臨兩種發展機會的選擇：一是發展高檔的、以商務旅遊為主要目標市場的四、五星級飯店，隨著經濟的發展，這種市場消費定位將不再是奢侈型的消費，而成為中高檔商務和旅遊的必需品；二是發展經濟型的、以一般旅遊和中檔商務旅遊為主要目標的三星級飯店，由於中國的特定人口特徵和經濟情況，這個市場的容量將會不斷擴大。今後最有吸引力的細分市場將集中在這兩個區間。

從目前的開元集團情況來看，以高檔飯店作為主攻方向是比較適合的。對於一些經濟型的飯店，建議結合投資機會，用關聯品牌或差異品牌的方式進行嘗試。對於集團內部，不僅要重視關鍵職位人員的物色和培養，更要加強管理體系的建設。

四、飯店企業形象的定位

企業形像是由豐富的內容和多樣的形式構成的。構成企業形象的基本要素有：產品形象、經營形象、員工形象、領導形象、環境形象、文化形象、標誌形象等等。評價企業形象最基本的指標有兩個：知名度和美譽度。知名度是一個企業被公眾知曉、瞭解的程度。這是評價企業「名氣」大小的客觀尺度。美譽度是一個企業獲得公眾信任、讚許的程度。這是評價企業社會影響好壞程度的指標。一個企業的知名度高，其美譽度不一定高；知名度低，其美譽度不一定低。一個企業若想樹立良好的企業形象，就必須同時把擴大知名度和提高美譽度作為追求的目標。

飯店企業形象設計主要包括飯店的表層形象設計和飯店的深層形象設計。飯店的表層形像是指人們可以直接看到的飯店外部形象，如：飯店建築物、店徽、設施與設備，員工的儀表儀容及服飾

打扮，乃至菜單、信封、信紙的設計等。也就是指飯店的視覺識別系統設計。飯店的深層形像是指那些不能直觀的部分，如飯店的經營理念、管理模式、員工素質、產品品質（包括有形產品和無形服務）等。在一定程度上，就是飯店的理念識別系統和行為識別系統設計。

（一）理念識別設計

理念屬於思想、意識的範疇，對飯店而言，理念識別主要包括飯店使命、經營觀念、行動準則、活動領域四大部分。

飯店理念具體表現為內在和外在兩個方面。理念的內在表現，就像一個人一樣，它的氣質和精神形成飯店企業理念的基本框架。主要體現在對人對事的公正態度，飯店的經營管理特色，對產品和服務品質的完美追求，創新和開拓精神，積極的社會觀和價值觀等。理念的外在表現就是飯店要樹立良好的信譽。良好的信譽是在飯店樹立了正確的理念後，在產品服務過程中逐步樹立起來的。

需要強調的是，飯店理念識別設計要充分體現飯店的獨特個性，它與飯店的定位和表現飯店本質密切聯繫，其中包含著深奧的智慧和思想。

（二）行為識別設計

飯店理念識別系統必須透過一系列有目的的活動才能體現出來，飯店活動是飯店理念的具體化。當飯店理念得以確定後，就要透過一切方式傳遞資訊，讓社會公眾透過相關資訊認識瞭解飯店，對飯店產生好感，逐步在消費者心目中樹立良好的形象。傳遞飯店理念的資訊管道主要有兩條，一條是行為識別（動態識別），另一條是視覺識別（靜態識別）。

行為識別設計以理念識別為原動力，包含兩層含義，一是行為識別設計的統一性，即飯店的一切行為應該上下、內外部一致，也

就是飯店的全體員工和各個部門所進行的活動都為一個目標，就是塑造飯店良好的形象，當然，一致性也要求行為識別和理念識別表現一致。二是飯店識別設計的獨立性，飯店一切行為都應體現出「獨立精神」，也就是要顯示出與其他飯店的不同的個性，因為這正是社會公眾進行識別的基礎。如飯店的市場形象識別，就應該努力表明本飯店在消費者心目中的地位與競爭的飯店相比，是獨樹一幟的。飯店可以透過幾種不同的方法在顧客心目中創造獨特的形象，包括「特別」和「普遍」定位，以及透過資訊和意像來定位。「特別」定位方法就是，選擇一種顧客所尋求的利益，並集中力量加強這一利益。如瑪裏奧特庭院飯店的「專為商務旅行者設計」的定位宣傳。「普遍」定位方法就是不只允諾一種利益，顧客必須仔細閱讀廣告的內容，才能找到服務所提供的所有利益。定位還可以透過宣揚清晰、實際的資訊而被創造，如MGM Grand娛樂飯店公司的「世界上最大的飯店、娛樂和主題公園」定位。定位也可以透過意像來進行，如凱悅飯店和四季飯店集團的定位，這兩家飯店集團都樹立了高品質、相當奢華和有聲望的形象。對於凱悅來講，它是透過「感受凱悅」活動來達成的；四季飯店則透過「沒有四季飯店不能滿足的需求」這一廣告來強調它的高品質。

因此，飯店經營者必須對市場進行恰當的市場形象定位，使自己的產品或服務在目標顧客心中占據明確的、獨特的、深受喜愛的形象。

飯店行為識別，按內容可以分為服務行為識別和社會行為識別。服務行為識別是指在飯店內對全體員工的教育和培訓以及創造良好的服務工作環境以保證優質產品和優質服務。這首先要依靠上至高層管理人員下至每個員工的共同努力，重視培訓與教育，使飯店在優質服務上形成一種風氣，養成一種習慣。社會行為識別是飯店為塑造飯店形象而面對社會（除顧客外）的一切行為。主要包括促銷行為、公益性行為、公共關係行為、廣告行為、市場策劃行

為、展示宣傳行為。為使行為識別具有強有力的震撼效果，整個社會行為識別具有很強的目的性，展開各項活動都應具有一個非常明確的目標。以公共關係行為為例，公共關係作為21世紀柔性生產力的第一層面，飯店應予以充分發展。飯店針對不同情況，可以進行宣傳型公關、交際型公關、服務型公關、社會型公關、徵詢型公關、建設型公關、維繫型公關、防禦型公關、矯正型公關或進攻型公關，以樹立良好的飯店形象。

（三）視覺識別設計

視覺識別作為一種靜態識別形式，透過組織化、系統化的視覺方案，傳達飯店的資訊。由於這方面所包含的內容多、層面廣，所以效果也最直接、最明顯。視覺識別設計，能夠充分表現飯店精神及其獨特性，使社會公眾能一目瞭然地知道所傳達的資訊，達到識別的目的。

視覺識別設計主要是使公眾從視覺上感受到本飯店與其他飯店的不同，並透過某種視覺認識，形成對飯店特性的強烈印象。一個飯店即使有良好的企業理念，如果找不到一種完美的表達方式，也不會為社會大眾所理解。視覺識別設計可以把抽象的飯店理念加以形象化，轉化成標語、口號、色彩、形狀、聲音等，使這些視覺形象令人過目不忘，達到意念溝通的效果。

飯店視覺識別設計包括店標與店徽設計、飯店的建築物設計、宣傳用品設計、制服設計、展覽與展示設計、廣告設計等。

案例2-3

文化的飯店和飯店的文化

狀元樓是一家地處南京夫子廟地區的五星級飯店，它抓住南京飯店「歷史文化的定位」的空白，刻意以該差異點進行定位以圖發展。狀元樓文化定位的切入點，以「士」為參照，一是要發揮士

「濟天下」的博愛觀，一是要緊扣「狀元」這一主題，使飯店具有符合其五星級地位的文化品位！

狀元樓飯店在精髓上汲取前代的文明成就，彰顯六朝的靈秀和明初的大度，「士」子們憂國憂民的博愛觀和高雅的文化品位，這是企業的定位總綱！在服務上，飯店除了大家必備的五星級的高品質服務外，還要有自己的特色。最基本的，服務生要有一定的書卷氣，一般服務生要能解答客人提出的簡單的歷史和文化問題，另一些精尖人員水平要更高一些，甚至可以參加（或旁聽）學術討論！這樣，飯店整體服務就有了極強的文化感。但是這種文化感是洋溢在空氣中的一種氣氛，喜愛它的人，會感到舒適愜意；而不喜好或不刻意追求的人，這種氣氛並不干擾他的正常行為！

對員工素質，也是要求他們有文化感，崇尚儒雅端莊的風度。從文化角度講，狀元樓的員工應該是有文化品位的員工。員工的文化常識培訓，納入飯店整體文化建設規劃之中。更進一步，員工在文化層次上可以分為三個等級：其一為初級，掌握最基本的常識，要求員工都要有一些基礎的歷史和文化常識，以及與南京和夫子廟乃至與狀元樓相關的風物知識，飯店可以自編一些此類小冊子，作為員工的必讀教材。其二為中級，有一定深度的知識，是必須看過幾本有關專著方能達到的水平。其三為高級，在某些領域有一定造詣的內部「博士」。

飯店在各個服務部門培養一批文化素養很高的業務骨幹，他們不但有著豐富深厚的歷史文化知識，還要具備頂尖的本行業知識和高超的操作能力。如：①茶博士，精通各種關於茶的博物知識，中國各地各流派的茶藝，日本的茶道，歐美的茶文化等等，並且實際演練，絕對正宗。②酒博士，精通古今中外各種酒的知識，民俗酒文化如酒令酒俗等。③導遊博士。④民俗博士，等等。如此調動員工的學習熱情，亦可以顯示飯店的品位。等級並不是終身的，要定

期考試，定期達標測驗，三次不合格者降級。對達標者要給予相應的榮譽，尤其中高級，除增加薪金外，還要大力宣傳，使之有強烈的榮譽感。對中高級（尤其是高級）的評定，可以外請專家組團，使之在學術上能站住腳。這也體現了狀元樓飯店的品位。由此，可以分解出許多的服務細則。

以上是對人的「文化包裝」。對「物」，可以進行同樣的包裝。中國以「飲食文化」著稱於世，作為「文化飯店」，這方面當然不能弱於他人，不但要讓客人吃好，而且要讓他們吃出文化品位來，最切近的辦法是，所有的菜名都經過「文化」的過濾，最好能靠上「狀元」這一主題。如丸子可稱「三元及第」或「連中三元」。另如，喜報三元，一甲一名，一路連科，白頭富貴，鯉躍龍門，都可以套用到相應的菜名上。重要菜每菜一箋，菜箋精美印製，上有菜之出典，簡單製法。餐者每人一箋。可能會出現這樣的情況，一些人以蒐集狀元樓菜箋為樂事。此外，在古代文化典籍和人物中開發新菜，如紅樓菜、儒林菜、隨園食單等。南京文化底蘊之深厚，由此可見。

這是對歷史文化風俗的挖掘，飯店也可自創新風俗。比如，狀元粥，比之「雞鳴寺」的臘八粥（近幾年南京興起臘八到雞鳴寺喝粥的習俗），選料固定，每年普通高招第一批錄取之日隆重推出，名人開勺，公開熬製，爭取數年後成為南京習俗。再比如，狀元餅，類似西方中國菜館的幸運餅，每張餅中藏有紙條，上書趣味文字，文字有中國特色，能體現狀元樓的文化品位，印製精美，能激發人們的收藏欲。

第三章飯店發展策略精選

導讀

　　飯店企業的發展策略，其實是解答「如何做大和做強」的問題。集團化發展之路是「做大」策略的必然選擇，而集團策略的關鍵是「業務的選擇與拓展」問題。隨著經濟全球化的發展，「做大」策略必須要考慮國際化發展問題。至於品牌策略，則是飯店企業在國內市場與國際市場上「做強」的基礎。本章第一節主要分析了飯店擴張的時機、形式和路徑的選擇。第二節在分析飯店集團發展模式和發展路徑的基礎上，提出了中國個體飯店的集團化策略以及飯店企業的國際化經營階段。第三節主要論述飯店品牌創立、品牌傳播和品牌營運的基本思想和方法。

第一節飯店的擴張策略

　　擴張策略是飯店經營過程中最常用的一種策略。隨著市場需求的多樣化和行業競爭的日趨激烈，飯店企業不能僅僅把目光侷限在現階段，而必須著眼於未來，採用開拓性的策略。

一、飯店擴張的時機

　　擴張策略是現有飯店積極擴大經營規模，或在原有範圍內增加接待能力與產品供應量，或投資新的事業領域，或透過競爭推動企業之間的聯合與兼併，以促進飯店不斷發展的一種策略。

　　（1）社會經濟的發展促進了人們消費範圍的擴大和消費慾望的增強，飯店消費呈現出多層次、多方位、多樣化的特點。飯店企

業需要透過提供多樣化的產品來更好地滿足市場需求，獲得更多的市場份額。

（2）飯店企業處於生命週期的初期，經市場分析，確認近期內擴大市場占有率可以保證獲得長遠利益。

（3）當飯店步入生命週期的成熟期時，要想取得較長期的利益及穩定的發展，必須向新的市場、新的領域進軍。

（4）飯店企業確信自己比競爭對手擁有某方面的經營優勢，希望運用這些優勢來鞏固市場基礎。

二、飯店擴張策略的類型

（一）專業化發展策略

專業化發展是指飯店企業將所有的資源與能力集中於現有產品或市場潛力的挖掘，以實現自我發展的策略。其具體形式有：

1.市場滲透

市場滲透，是指飯店利用自己在原有市場上的優勢，積極擴大經營規模和接待能力，不斷提高市場份額和銷售成長率，以促進飯店的不斷發展。企業應在產品品質、價格、服務和信譽等方面下工夫，不僅要鞏固原有市場的老客戶，而且還要積極設法刺激潛在顧客，利用原有市場創造新的客戶。同時還要努力將顧客從競爭者手中爭取過來，以此來增強企業在市場競爭中的優勢，促進企業發展。

2.產品發展

產品發展，是指飯店依靠自己的力量，努力進行產品創新，提高產品品質，從而使飯店不斷發展。採用這一策略的關鍵是必須對市場需求的變化保持高度敏感，並建立快速反應的產品開發機制，以滿足顧客不斷增長的需要。

3.市場發展

市場發展，又稱市場開發，是指飯店在原有市場的基礎上，去尋找和開拓新的市場，以擴大銷售，促進飯店的不斷發展。採用的主要方式是擴大地理區域。這種策略適用於企業的產品在原有市場的需求量已趨於飽和的情況。開拓新的市場，打開新的銷路，能使企業進一步得到發展。但是，企業要開拓某一新市場，事先必須掌握它的特點和要求，選擇合適的銷售管道，採用正確的營銷手段和方法，否則，就會遭受很大的風險和損失。

（二）一體化發展策略

一體化發展策略，是指企業充分利用自己在產品、技術、市場上的優勢，根據物資流動的方向，使企業不斷地向深度和廣度發展的一種策略。這種策略選擇是中國目前組織企業集團的主要途徑，它有利於深化專業分工合作，提高資源的深度利用和綜合利用效率。其具體形式有：

1.橫向一體化

橫向一體化，又稱水平一體化策略，是指把性質相同、生產或提供同類產品的企業聯合起來，組成聯合體，以促進企業實現更高程度的規模經營和迅速發展的一種策略。橫向一體化策略，可以透過契約式聯合、兼併同行企業的形式實現。這種策略已成為中國最主要的組建飯店集團的途徑。

2.縱向一體化

縱向一體化，是指兼併飯店的上游企業或下游企業，從而增強飯店競爭力，並避免因外部市場環境變化而帶來的經營風險。這種策略可以透過以下三種形式實現：一是透過企業內部壯大而進入新的經營領域；二是與其他經營領域的企業實現契約聯合；三是合併其他經營領域的企業。

（三）多元化發展策略

多元化發展策略是指飯店為了更好地占領市場和開拓新市場，或避免單一經營的風險而向其他新的與飯店經營聯繫不直接的領域拓展。多元化發展策略的具體形式有：

1．專業多元化

專業多元化，是指飯店充分利用自己在技術上的優勢及潛力，以服務為圓心，積極發展與此相近的業務，使飯店業務不斷向多品種和向外發展。如從飯店擴展到快餐服務、秘書服務、禮儀服務等。

2．相關多元化

相關多元化是一種專業化比重較低，但相關比重較大的一種多元化策略。它是指飯店企業充分利用自己在市場上的優勢及社會上較高的聲譽，根據客戶的需要去開發不同技術的產品，如飯店從事家政服務、家庭裝修業務等。這種策略的核心是飯店利用固有的經營資源，開拓與飯店主業密切相關的領域。

3．非相關多元化

非相關多元化，即相關比重很低，飯店所開拓的新事業與主業基本不相關，如飯店企業進入石油化工、製藥業等。這種策略需要飯店企業有較強的技術優勢、較豐富的人力資源、較強的經營實力、較廣泛的銷售管道等等。當飯店不具備經營實力時，一般不宜採用這種策略。

三、飯店業務拓展的路徑選擇

飯店企業的業務拓展是一個動態的過程，在不同時期要進行不同的業務組合決策：專業化發展還是多元化發展？如何實施多元化策略？業務如何組合？在選擇的業務領域內，部分環節是否需要外

包？

（一）專業還是多元

推崇「多元」策略的人士會說「不要把雞蛋放在同一個籃子裡」，偏好「專業」策略的人士則說「所有雞蛋應放在同一個籃子裡，然後看好那個籃子」。「多元」發展，還是「專業」

發展，飯店企業必須選擇。一般來說，可以根據操作模式進行決策。若企業與同行相比，在現有核心業務領域中競爭地位很弱，則一般不宜採用多元化經營模式。只有經營者具有一流的洞察力，真正把握住業務未來的發展趨勢，且具有抓住該發展趨勢帶來的機會所需的能力，才可以考慮選擇多元化發展策略。若企業自身競爭能力非常強，在現有業務領域與競爭者相比有優勢，在這種情形下，當企業現有核心業務領域增長潛力不足，且又能找到新的業務增長點時，可優先考慮採取多元經營模式；若現有核心業務領域市場增長潛力很大，則應集中精力於當前市場的開拓。

多元化經營要求飯店企業同時涉足多個產業領域，實施多種產品、業務項目的組合經營，這就會導致企業經營資源分散使用，經營管理難度加大，最終可能使所追求的目標落空或顧此失彼。

如果不顧條件盲目多元化，將會使企業面臨更大的風險，甚至出現危機，導致失敗。為此，必須掌握正確的多元化經營策略思考方法。以下給出的「多元經營六問題」的思路，提出了多元經營的相關問題，可在一定程度上幫助企業論證多元經營模式的現實可行性。

（二）業務如何組合

目前，很多飯店集團實行多元化經營，其中有「明日黃花」，也有「明日之星」。為了使飯店集團的發展能夠與千變萬化的市場機會之間取得有效匹配，就必須合理地在各項業務之間分配資源。

波士頓矩陣就是一種著名的用於分析業務組合的有效工具，該矩陣可顯示飯店集團每項經營業務的競爭地位，便於從總體上掌握各項業務的作用，從而有選擇地運用企業有限的資金。

波士頓諮詢公司（BCG）的創始人布魯斯·D·亨德森於1970年提出了業務組合矩陣（或稱增長/份額矩陣、波士頓矩陣）。

以某項業務的市場成長率與其業務的市場份額為維度，把企業的所有業務劃分為四種類型：金牛（Cash　Cows）業務（高市場份額、低增長）、狗類（Dogs）業務（低市場份額、低增長）、明星（Stars）業務（高市場份額、高增長）、問題（Question marks）業務（低市場份額、高增長）。

該矩陣可以幫助飯店分析業務組合是否合理。如果一家飯店沒有金牛業務，說明它當前的發展缺乏現金來源；如果沒有明星業務，說明在未來的發展中缺乏希望。對飯店的各項經營業務應作廣義上的理解，即涵蓋飯店在各個細分目標市場上的業務和飯店多元化經營後所涉足的非飯店領域業務，如旅遊、客運、地產、商貿、金融、食品、教育等。在明確了各項業務在飯店中的不同地位後，就需要進一步明確取捨策略。

1·問題類

問題類是指市場成長率高，而相對市場份額低的公司或飯店的業務。事實上大多數業務進入市場，往往都是從「問題」開始。要積極擴展業務，增加在市場上所占的份額，需要投入大量資金，或擴大、更新設備，從而提高產品、服務的品質，進而吸引更多的人購買；或投入廣告促銷，與已在該市場取得支配地位的領先者一比高低。是否有此必要，是否值得予以大量投資，及時從「問題」狀態中擺脫出來，都需要飯店經營者審時度勢，慎重對待。基於此，國內有些經營者將這類業務單位或產品，稱為「問題」類，亦不無

道理。

對問題類業務一般可採取發展策略，目的是擴大策略業務單位或重要產品的市場份額，為此甚至不惜犧牲近期的利益，使之成為「明星」。當然，對此要進行科學論證，以證明經過努力它們確有可能發展為「明星」類的業務或產品，其市場份額也將隨之有較大的增長。反之，則應採取放棄策略。

2．明星類

很明顯，問題類的業務單位或產品，如在市場上經營成功，就會轉化為「明星」，從而成為高速成長市場中的領先者。誠然，為了維護市場成長率和擊退競爭者的各種進攻，它還必須耗用大量資金。

對明星類業務，一般可採取維持策略。目的是為了保持策略業務單位或產品的市場份額，以便它們能為企業繼續提供大量的現金。

3．金牛類

當明星類業務的市場年成長率下降到10%以下，而且繼續保持較大的市場份額時，就成了金牛類業務。「金牛」是因它能為飯店帶來大量的現金收入，而企業又不必為此作大量投資，因此而得名。飯店可憑藉此優勢去支持急需現金的「明星」、「問題」以至「狗」。

但是，「金牛」本身也有其虛弱性的一面。特別是經營者如果將較多的現金用來支持其他業務，強壯的「金牛」將有可能變成一頭衰弱的「牛」，甚至變成「狗」。

對於金牛類業務，一般可採取收穫策略。目的在於增強策略業務單位或重要產品的短期現金收入，而不考慮長期影響。

4．狗類

也稱作現金「陷阱」，指市場上成長率低緩、市場份額也低的業務或產品，它只能使飯店獲得較少利潤，甚至會發生虧損。這就需要飯店的經營者當機立斷，進一步對它們收縮或乾脆淘汰。如果跳不出情感因素而對它們的前途採取優柔寡斷的做法，必將給飯店帶來更多的損失。

對於狗類業務，一般可採取放棄策略。比如停止經營某一類業務或重要產品、服務項目，或關、停、並、轉，或出售其資產、清理業務，以便把資源轉移到更有利的領域或開拓更新的產品服務。當然對於尚屬「健康」的某些「狗類」的業務，則應採取收穫策略。

（三）自營還是外包

飯店集團在業務拓展的過程中，還應考慮「自營」還是「外包」的問題。為了更好地為顧客創造價值與有效地利用企業的現有資源與能力，飯店可以外包不屬於核心業務、企業無法透過這些經營活動創造出新的核心能力的經營項目。也就是說，飯店不應該外包與核心能力有關的業務活動，否則就可能給予競爭者機會，削弱自身獨特能力的優勢地位。同時，企業必須有能力把自己的業務流程與合作者的業務流程進行整合，並且能對合作者提供的產品或服務進行檢測，以確認是否滿足企業目標顧客的需要。如果沒有相應的流程整合能力與檢測能力，就無法發現與防範在合作過程中可能出現的問題，並由此導致顧客忠誠度降低。

為了有效避免外包的潛在風險，飯店企業在採取外包策略時，必須注重以下環節：

1. 樹立正確的經營理念

對於任何一個企業來說，領導層的經營理念不僅很大程度上影

響著企業宏觀層面的發展策略的形成和實施，同時也是決定一個企業微觀層面的組織文化和管理細節的關鍵因素。

企業實施外包是以對本企業內部核心能力的合理和正確評估為必要條件的，包括對企業自身優劣勢、各項瓶頸等的客觀認識。對企業核心能力的清楚認識在企業實施任何一項決策中都具有基礎和長遠的策略意義，可以說，企業任何決策的正確實施都必須建立在對自身核心能力的準確認識之上。世界上許多著名的大型飯店集團的成長大多都是圍繞核心業務展開的，透過培育自身在技術、市場、產品、成本等方面的競爭能力，最後尋求多元化的發展。

飯店管理層應該有清楚的認識，如果飯店在各個微觀層面上都不遺餘力進行投入，即使獲得相應的高銷售額，也必然出現投入產出失衡的局面。外包決策並不是企業自身管理貧弱的表現，而是企業集中優勢資源於核心競爭力上的策略性決策。作為飯店領導層，在外包決策上應有策略的眼光、追求變革的決心，樹立「雙贏」的合作觀念，擺脫「肥水不流外人田」，「非此即彼、你死我活」，以及「大而全、小而全」的傳統經營觀念，與外包商共建一種坦誠合作的策略夥伴關係。在合作的過程中，要把飯店的核心競爭力和飯店外包商的核心競爭力有效地整合起來，並且在整合的基礎上，鞏固和提升自己的核心競爭力。

2．科學合理地選擇飯店外包商

飯店實施外包的最直接結果便是其他企業進駐飯店，透過外包關係將社會其他企業融入飯店，其他社會企業提供的產品和服務從此作為完整的飯店產品的一部分提供給飯店賓客。因此，對於飯店外包商經營能力、信用水平等方面的資質都應該作為飯店在實施外包前必須考察評定的內容。

飯店必須首先要考慮是否能夠獲得與飯店自身品牌、等級、組織文化等相匹配的外包商，進而再透過各種管道（正式與非正式的

形式）來考察這些飯店外包商在經濟實力、規模水平、經營經驗、管理能力、誠信度、技術水平等各方面的資質如何，是否在相關經營領域具有競爭優勢。只有經過認真科學的評估，才有可能實現飯店外包的初衷，保證飯店外包出去的經營項目不至於成為飯店經營的羈絆，真正實現飯店與外包商的強強聯合。儘管外包的初衷包含了較多的財務方面的因素，但是外包價格在外包決策中的重要性決不能被過分地強調。如果僅從外包費用出發或者把外包費用作為選擇外包商的決定性指標，飯店很有可能陷入外包所帶來的另一種經營風險。因此，只有在評定外包商經營績效的各個內在因素（能力）之後，外包費用（價格）才是飯店作出外包決策、選擇外包商應該考慮的重要因素。

3．簽訂細緻完善的外包合約

在飯店和外包商雙方達成某經營項目外包的意向之後，就要簽署約束合作雙方行為及規定外包發生期間發包方和受包方的各項責權利的外包合約。對於飯店來說，一個細緻而完善的外包合約不僅能夠保障飯店在外包關係存續期間最大限度上實現應有的各項權益，而且保證了飯店外包商的日常經營能夠在飯店規章制度的約束下進行，從而使得飯店的整體形像在顧客心中保持始終如一、飯店的長遠發展不受影響。

第一，飯店應該明確地讓飯店外包商瞭解飯店方的需求，並將其清楚而完整地列於合約之中。

第二，對於飯店外包經營中雙方各自的權利和義務，包括外包部門如何執行飯店的員工守則、日常經營過程中飯店各部門與外包的經營部門關係如何處理、飯店外包商定期提供品質服務報告等的規定應在雙方協商之後，沒有歧義地寫入合約。第三，飯店外包商對飯店設施設備的使用權限，以及飯店對外包商提供的基本服務內容，如供電、供水、排汙等也應一一在合約中作出說明。第四，在

租期方面，飯店方需要考慮飯店對外包項目的管理方便，也應體諒外包商設施設備折舊及重新裝修等因素，抱著合作共事的心態達成雙方都能接受的合約條款。第五，關於承包基數（租金）問題，除了將雙方在談判過程中確定的承包價格明確地寫入外包合約之外，為了保障飯店方收取外包費用的正當權益，飯店還可以採取要求對方繳納一定預備金或保證金的措施，並且對支付的時間和方式作出明確規定，一併寫入合約，以免在出現矛盾及意外情況下飯店方處於被動局面。第六，飯店應在合約中對外包項目服務品質等作出明確的規定，使其達到飯店的標準和要求。第七，合約條款應對違約情況發生時雙方的權責作出明白無誤的闡釋，以保障雙方各自的利益。總之，合約內容應儘可能詳盡細緻，將日後經營過程中飯店方可能遇到的各種不確定狀況減少到最低。

4·加強對外包商的管理

飯店對外包關係的管理及飯店對外包商的控制能力是飯店外包成敗的基本要素。在整個外包關係存續期間，飯店應該擁有對飯店外包商宏觀層面的控制權。在這個層面上，經濟收益不是衡量飯店外包商行為是否符合飯店利益的標準，而是要評價飯店外包商的行為是否在提升飯店品牌形象、滿足顧客需求、鞏固飯店核心競爭力等方面有益於飯店的長遠發展。

在外包關係延續期間，飯店應該對飯店外包商的經營與服務行為在合約條款規定的範圍內，實行及時的督導與控制，保持雙方正常有效的溝通，逐漸引導飯店外包商的經營融入到飯店的整體文化中去，使得飯店文化所秉持的服務理念和飯店外包商的服務理念達到內在的一致。

案例3-1

杭州灣投資（集團）有限公司的擴張之路

浙江杭州灣投資有限公司是一家擁有慈溪杭州灣大飯店、慈溪國際大飯店、舟山秀山文化旅遊渡假村、杭州灣置業有限公司等眾多子公司的集團化企業。它的發展，應該說完全得益於該集團董事長胡永煥靈活的創新機制、超前的經營理念，善於把握市場，高瞻遠矚，勇於開拓進取。

　　一、機制創新：理順產權關係，嘗試國有與民營資本的有機結合

　　20世紀90年代初，慈溪市政府為了改善慈溪的投資環境，出資籌建了市政府第二招待所。其時，中國的市場經濟剛剛起步，國家對產業的調整也隨之開始。為瞭解決政府投資、融資困難，保證重點建設項目實施，逐步改變政府部門直接參與經營管理的弊端，市政府及時作出決策，放手民營資本加入經營。由此，當時由胡永煥任法人的寧波華僑友誼公司先後兩次共出資60%、市政府出資40%實行股份合作，並明確了雙方的責、權、利，確定了華僑公司的經營與管理地位，開創了慈溪首家民營資本控股、與國有資本相結合、實行股份合作經營制的先河；第二招待所同時註冊為慈溪市杭州灣大飯店。

　　華僑公司取得杭州灣大飯店的經營管理權之後，對內銳意改革，打破國有企業僵化、低效的弊端，建立快速、高效、靈活的決策機制；摒棄計畫經濟體制下的不合理的人事模式，對管理隊伍重新設定組織架構，明確各部、各責任人的管理職責。同時，對飯店重新進行市場定位，不再限於以前單純的政府接待功能，而把目標轉向以市場為導向的中高層消費群體，並朝著旅遊涉外飯店方向發展。

　　明晰的產權關係，敢於創新的經營與管理機制，高起點、高標準的市場定位，為杭州灣大飯店的快速發展注入了新鮮的活力，民營資本經營的優勢逐漸得以發揮。1995年11月，杭州灣大飯店成

為慈溪市第一家三星級飯店。

二、打造品牌：苦練內功，占領市場的制高點

沒有品牌的企業，是缺乏競爭力的企業。以胡永煥為首的高層管理者審時度勢，在經營與發展中，堅持高起點、高標準，持續推進品牌建設，努力尋找為當地經濟建設服務和企業自我發展提高的有機結合點。剛一接手飯店的籌建，以胡永煥為首的高層管理者就對慈溪當時的經濟形勢和飯店業的現狀進行了認真的調查分析，果斷決定：高起點、高標準地把杭州灣大飯店建設成一家集餐飲、客房、商貿、娛樂、休閒為一體的綜合性星級飯店，搶占慈溪飯店業的制高點。杭州灣大飯店於1994年6月開業，1995年被評為慈溪首家三星級飯店。1997年，慈溪又有一家三星級飯店問世，並有幾家三星級標準的飯店開始籌建。為此，杭州灣大飯店開始了新一輪的創新和提升。1999年9月，杭州灣大飯店「四星」掛牌。要想持續發展，並永立潮頭，就必須打造旗艦飯店，創建具有鮮明特色的五星級飯店。為此，他們又在2002年初全面實施「五星」的創評和改造工程，飯店制訂了「擴大規模、完善結構、全面更新、創造亮點、整體提升、刷新形象」的基本思路。飯店根據自己的市場定位和品牌塑造，在產品設計開發、設備設施改造更新、高科技電子商務應用、文化藝術氛圍營造、經營結構調整等策劃上，處處體現高品位，圍繞特色做文章。與此同時，飯店與瑞士洛桑飯店管理學院等國內外著名旅遊學院建立了不同層面的聯繫；積極展開與北京、上海等地高星級飯店交流，學習和吸收它們先進的經營、管理與服務理念，聘請國內一流的飯店經營管理專家來店進行指導；不斷向員工灌輸新理念、新知識，引導員工創新服務、「親情」服務，讓所有來店客人享受到「家」的溫馨。從而創立了自身獨特的高起點、高品位的經營管理之道。

三、資本擴張：拓展經營，向企業集團化、連鎖化大膽邁進

杭州灣大飯店的成功經營，無疑為企業的進一步發展奠定了堅實的基礎；在2003年，胡永煥又毅然出資收購了40%的政府國有股份，澈底理順了產權關係，把企業改製成真正的民營資本。於是，胡永煥把眼光瞄向了更高的發展目標，決定利用自身成功的經營與管理模式拓展市場，做大做強，向企業集團化、連鎖化邁進。

　　如何才能使企業茁壯成長？胡永煥認為：第一，要理順機制，包括企業的產權機制和經營管理機制，要根據企業的發展需要及時改進與更新；第二，要有明確的發展思路，正確的思路是一種有效的生產力；第三，企業發展連鎖，一定要找準適合自己的市場定位，盲目的擴張、求大，只會導致適得其反的後果，特別是在對市場的預測分析中，要站得高，看得準。

　　根據既定的發展目標，「杭州灣」加快了企業的集團化、連鎖化過程。即使在1998年市場經濟低迷的環境下，飯店也不放棄原定的擴張計畫，收購了當時商業局正在籌建中的半拉子工程——北海渡假村（慈溪國際大飯店前身），並投巨資對它進行了全方位的改造。透過鍥而不捨的努力，終於實現了國際大飯店當年投資、當年投產、次年見效出品牌的預定目標，成為慈溪市第二家四星級飯店。

　　爾後，在充分論證的基礎上，又進軍舟山海島開發，投資興建舟山秀山文化旅遊渡假村，同時以飯店為平臺和立足點，著力開發旅遊海景房產。這些連鎖企業的成功經營為企業整體實力的進一步增長，提供了源源不斷的資本累積，充分為企業的再擴張搭建了重要的平臺。

　　為進一步地提高企業的市場競爭、優化資源配置、加強資本擴張能力，胡永煥對企業進行資產重組，對企業的構成框架進行了重新設定，組建了「浙江杭州灣投資有限公司」。

　　確立了以飯店業為基點，以點帶面，透過資源共享，優勢互

補，大力發展其他產業，加快企業的集團化、連鎖化、產業化發展步伐，打造具有明顯品牌優勢的「杭州灣」企業航母，推進企業向更加廣闊的市場大步前進的發展思路。

在「杭州灣」向產業化進軍的過程中，胡永煥緊緊貫徹「依託市場，以市場需求為導向」的方針，尋找企業發展的最佳契合點。譬如，透過調查研究，他發現許多中小企業主在創業路上，由於資金的短缺而陷入難以施展的窘境。瞄準這一市場行情，胡永煥決定進入中小企業經濟擔保領域。隨著杭州灣跨海大橋的興建，慈溪的區位優勢日漸突出，房地產市場前景日益廣闊，他又不失時機地進入房地產開發產業。同時，憑藉企業雄厚的資本實力，大力向家電設備製造、商品混凝土製造、金融服務、旅遊開發等產業領域挺進。

第二節 飯店集團化策略

飯店集團，就是以飯店企業為核心，以經營飯店產品為主體的企業集團。飯店集團化，就是飯店透過緊密或鬆散的制度性制約而形成彼此關聯的飯店組織的過程。隨著市場競爭的日趨激烈，飯店企業的經營風險日益增大，透過集團化經營，實現規模經濟與範圍經濟效益，是飯店企業降低運作風險與提升企業競爭力的有效手段。飯店集團化基本途徑有二，一是有實力的企業自己組建飯店集團；二是實力相對不足的個體飯店加入飯店集團。

一、飯店集團的發展模式

飯店集團的發展模式主要有資本擴張、特許經營、管理合約、策略聯盟等形式。

（一）資本擴張

資本擴張，就是以產權或資金為紐帶的擴張。其基本的方式有：

1．飯店併購

併購是飯店企業取得外部經營資源，尋求對外發展的策略。

（1）飯店企業併購的方式。併購包含了兼併和收購兩層含義，兩者的主要區別在於前者是兩個或兩個以上的飯店企業合為一體，而後者僅僅是一方對另一方居於控制地位而已。兼併主要可以透過三種方式實現：用現金或證券購買其他公司的資產；購買其他公司的股份或者股票；對其他公司股東發行新股票以換取其所有的股權，從而取得該公司的資產和負債。收購主要透過資產收購和股份收購兩種方式實現。飯店企業的併購可以是強強聯合，也可以是強弱聯合，或是弱弱聯合（較少出現）。無論選擇哪一種形式，關鍵是看能否節約交易費用。

（2）飯店企業併購的意義。作為飯店企業資產重組的重要槓桿，併購並不是為了簡單地追求規模的擴張。飯店企業透過併購降低內部交易費用，提高競爭力，最終達到提高盈利水平的目的。飯店企業併購的意義主要表現在以下幾方面：第一，與飯店企業自身累積方式相比，企業併購能夠在短時間內迅速實現生產集中和經營規模化。在中國，以資本為紐帶、以效益為第一、以企業併購為核心的資產重組，有助於形成跨地區、跨行業、跨所有制、跨國經營的大型企業集團，改變以往企業普遍存在的規模小、同構化的「小而全」的局面。第二，有利於飯店行業結構的調整，淘汰弱勢群體，加強優勢飯店的勢力，實現整個飯店行業資源的優化配置，有利於減少同一地區、同一領域內飯店企業之間的過度競爭。第三，與新建一個企業相比，企業兼併可以減少資本支出。第四，透過債務重組和增加資本金，實現資本結構的優化。

（3）飯店併購的注意事項。為了使集團擴張獲得成功，飯店

併購方必須對被併購方的發展前景、經營風險、獲利能力、資產負債等方面進行系統的評估，並採取科學的取捨原則。

根據美國著名管理學家彼特‧杜拉克在《管理的前沿》一書中提出的成功併購的原則，結合飯店產業的特點，飯店集團併購時應特別注意：第一，飯店併購方只有全盤考慮了其能夠為被併購方作出什麼貢獻，而不是被併購方能為併購方作出什麼貢獻時，併購才有成功的可能性。

第二，併購與被併購飯店之間需要有團結的內核，有共同的語言，從而結合成一個整體。或者說，雙方在企業文化上有一定的聯繫。第三，併購必須得到雙方的認同。併購方需尊重被併購方的產品、員工與顧客。第四，飯店併購方必須能向被併購方提供高層管理人員，幫助對方改善管理。第五，在併購的第一年內，要讓雙方企業中的大批管理人員得到晉升，使得雙方的管理人員相信，併購為他們提供了更多的發展機會。第六，併購涉及文化、流程、制度、業務等方面，其中文化與流程的整合是關鍵。第七，以集團擴張為目的的併購，要強化被併購方對併購方的品牌形象與品牌塑造方式的認同，確保被併購方的理念與行為不會對併購方的品牌造成損害。

2‧合資飯店

合資飯店是指兩個或兩個以上不同國家或地區的投資者共同投資建成的具有法人地位的飯店。合資飯店市場進入方式具有顯著的優勢：一是合作雙方可以分擔開發成本和風險，可以共同分享股權和利益；二是合作方對其國家的政治、經濟、文化環境等頗為熟悉，有利於飯店的經營管理。另外，對於一些設置貿易障礙的國家來說，採取合資飯店是唯一可行的市場進入方式。然而合資飯店也存在著失去對公司的控制權的風險，同時失去迅速對市場需求和勞動力需求作出反應的靈活性。合資飯店的成功取決於有著不同經營

方式和不同優先考慮目標的合作飯店各方在多大程度上能夠一致。

3．全資飯店

全資飯店是飯店透過獨資設立或收購而擁有的全資子公司，並擁有被投資飯店的全部股權。國外獨資經營被看作是飯店國外經營活動的最高階段，是最直接的進入方式。從飯店市場上看，各飯店集團所經營的全資公司，其定位與等級一般都較高，透過自有經營的形式來提升已有品牌的價值。精品國際從AIRCOA收購了號角飯店的所有權，公司開始進入高檔飯店。雅高在1998年投標雅高亞太公司，成功中標，使之成為雅高完全擁有的子公司。全資飯店進入方式的優勢在於享有對所有權的獨占權，不需要分享利益，並且不存在與其他合作者在管理、利益分配等方面的衝突。全資飯店的主要缺點是高投入與高風險並存。對於全資飯店市場進入方式來說，目標國家的政治經濟是否長期穩定至關重要。

4．租賃經營

租賃經營是指飯店透過付出一定的租金獲得某飯店相當長一段時間內的所有權。在此階段飯店擁有財務責任和資本控制權，在飯店集團中被看作是一種完全擁有的方式，通常被視為全資飯店的變形。採取租賃經營的市場進入方式，需要綜合考慮目標國的穩定性、最佳選址地點、市場的穩定性以及盈利能力等多方面的因素。跨國飯店集團通常利用這種方式在東道國的最佳地點選擇飯店。到2002年底，雅高集團擁有1520家租賃經營形式的飯店，占集團經營飯店總數的39.7%。此外，萬豪、希爾頓等飯店也採用了租賃經營的形式。

（二）特許經營

特許經營是指飯店集團賣給被特許經營企業以有限的權利，如商標、品牌等，而收取一次性付清的費用和被特許經營企業一部分

利潤的運作方式。特許經營者實際上是飯店的投資者和經營者，被特許經營的企業要嚴格遵守許可方的經營規定。對於特許方來說，飯店特許經營是一種低成本、低風險的市場擴張途徑，但存在品質控制難、契約管理難到位的風險。而對於受許方來說，特許經營是改善運作模式，提升知名度與美譽度，獲得更多、更好的客戶群的一條有效的途徑，但存在特許權的使用費和堅持特許品牌的標準會帶來巨大的經濟負擔的財務風險。

實施特許經營，飯店集團應特別關注以下五個方面：

1‧正確選擇特許經營的方式

特許經營權轉讓有不同的分類方法。根據特許方對受許方的控制程度，可劃分為：產品特許經營權轉讓、商標特許經營權轉讓與經營模式特許經營權轉讓。在飯店業最常用的是經營模式特許經營權轉讓。特許方提供品牌、生產及經營中必須遵循的方法與標準，提供組織及技術方面的幫助，從而確保業務有效運行。根據受許方擴大其經營的權利分類，特許經營權可分為：單一特許經營權轉讓、多單位特許經營權轉讓與總體特許經營權轉讓。單一特許經營權轉讓，指的是一個受許方只經營一個企業。假日集團與麥當勞都曾頒發過這種特許經營權利。多單位特許經營權轉讓是指特許方給予受許方在某一地區發展的權利。必勝客（PizzaHut）曾透過這種方式進行擴張。總體特許經營權轉讓指的是特許方給予受許方再次進行特許經營權轉讓的權利。

2‧科學設計特許經營協議

飯店集團與受許方簽訂一個公平互利的特許經營協議，是其擴張獲得成功的關鍵。協議的內容一般包括特許方的權利與義務、特許費用、協議期限與協議終止條件、仲裁條款等。尤其應詳細說明受許方在所經營的區域的權利。如在一個特定區域內，受許飯店是

否具有獨家經營權，是否能將受許飯店出售或租賃，或者能否將許可協議轉讓給第三方等。

3·合理量化特許經營權價值

特許經營權是一種非技術性無形資產，核心是一種知識產權的轉讓，因此必須對無形資產、特許轉讓費等進行科學的評估與量化。

4·正確的城市定位

大型飯店集團的發展主要以大中城市為主。由於大中城市有龐大、穩定的顧客流量，使飯店集團的擴張具有可能性。為了更好地為目標顧客群服務與降低運營費用，非常有必要根據飯店的等級定位，選擇合適的店址。

5·提升特許授權總部的管理水平

規模並不等同於效率，只有當特許連鎖系統內部實現資源共享、部門分工合作的前提下才能產生效益。因此，總部必須提高資源整合的能力，積極實施品牌策略，樹立企業形象，完善特許經營「三手冊」（Know-How手冊、CIS手冊、加盟手冊），規範各加盟店的經營行為。

同時，還必須建立網路化的銷售、採購、財務與培訓體系，將特許經營系統中各加盟飯店的技術經驗與資訊資源系統化。

近年來，國際飯店集團透過特許經營的方式，迅速擴大了自己的影響力與盈利水平。如精品國際飯店集團為了提高受許者的收益水平，根據各飯店的具體情況設置一個利潤底線，然後透過各種方式，如全球分銷、廣告促銷等，提高飯店利潤。當達到利潤底線後，又會繼續提高標準，使飯店的經營業績始終保持上升之勢。

（三）管理合約

管理合約又稱經營合約，是指一個飯店企業由於缺乏專門技術人才與管理經驗，將飯店交由飯店管理公司經營管理時簽訂的合約。管理合約的雛形是20世紀60年代希爾頓集團同波多黎各合作Carribe Hilton時使用的利潤共享租賃（Profit-sharing Lease）。

管理合約的運作模式涉及大量的條款，因此在談判中必須關注相關要點，並採取合適的策略。概括了飯店運營方（飯店集團管理公司）與所有者在簽訂管理合約時，可以運用的基本策略。

（四）策略聯盟

策略聯盟是兩個或兩個以上經營實體之間為了達到某種策略目的而建立起來的一種合作關係。如最佳西方國際飯店集團（Best Western International），其所屬的每個飯店都是原業主獨自擁有並經營的，集團透過其全球預訂系統，把各個成員聯合起來。成員飯店每月交付會費以使用最佳西方的名稱與標誌，而集團為成員飯店提供營銷、廣告、設計、品質與公共關係等方面的服務。

1．策略聯盟的形成

從根本上來說，飯店企業進行策略聯盟的目的是建構持續競爭優勢。隨著對競爭合作關係認識的加深，更多的飯店企業明白建立合作性夥伴關係的重要意義。尤其在營銷領域的聯盟正得到越來越多的重視，如很多小型飯店往往希望與較大的飯店集團聯營，並進入它們的全球預訂系統。這種趨勢反映了小型個體性與地區性飯店發展的一種需求，即要在競爭激烈的飯店業中贏得一席之位，彼此之間就必須以聯合體的形式建立策略性合作關係。

（1）重構價值鏈。麥克・波特在《競爭優勢》一書中指出，企業競爭優勢的潛在來源是價值鏈，各企業的價值鏈互不相同，而且各個企業在價值鏈各環節中又具有不同的比較優勢，即任何企業都只能在「價值鏈」的某些環節上擁有優勢，而不可能擁有全部的

優勢。對於飯店企業來說，這些策略環節既可以是產品開發、全球預訂系統、營銷管道，也可以是品牌等，因不同的飯店企業而異。為達到「雙贏」的效應，不同飯店在各自的關鍵成功因素——價值鏈的策略環節上展開合作，如聯合開發產品、共享營銷網路、聯合促銷等等，可聚合價值鏈某些環節上的優勢，以擴展企業價值鏈的有效範圍，從而求得整體收益的最大化。

（2）降低交易成本。交易費用經濟學認為，經濟活動總是伴隨著交易進行的，而交易過程又是有成本的。聯盟的建立能提高雙方對不確定性的認知能力，抵消外部市場環境中的不確定性，減少交易主體的「有限理性」而產生的種種交易費用。同時聯盟企業之間的長期合作關係，可節約交易費用，並在很大程度上抑制了交易雙方之間的機會主義行為。由此可見，策略聯盟透過建立較為穩固的合作夥伴關係，穩定雙方交易、減少簽約費用並降低履約風險，順應了企業節約市場交易費用的需要，同時又不會產生組織的過度膨脹。

（3）實現資源互補。各個企業之間的資源具有很大的差異性，而且不能完全自由流動，當一個企業擁有一種競爭對手所不具有的特殊資源時，這種特殊資源就可能會為企業帶來潛在的比較優勢。企業的可持續競爭優勢就來源於這種特殊資源的累積。任何飯店不可能在所有資源類型中都擁有絕對優勢，從而構成了飯店企業資源互補融合的基礎。特別是某些特殊資源已經固化在企業組織內部，不可完全流動交易，如營銷管道、市場經驗、知名品牌等無形資源，不便透過市場交易直接獲取。而透過聯盟，飯店企業可獲取合作夥伴的互補性資源，擴大企業利用外部資源的邊界，促進資源的合理配置，從而帶來資源的節約並提高其使用效率，提升企業的競爭優勢。

（4）達到共生營銷。共生營銷是兩個或兩個以上的企業，為

了增強市場競爭能力，透過分享營銷資源，創造性地滿足市場需求的一種營銷策略。飯店企業的共生包含兩個方面：一是同質共生，指飯店企業間跨區域展開營銷合作，避免彼此雷同。二是異質共生，指飯店業與密切相關的其他旅遊產業聯合，共同進行產品銷售或其他營銷活動。共生營銷的核心理念是雙贏和多贏，具有優勢互補關係的企業透過分享營銷資源，集中各種企業的優勢，共同進行新產品開發，共享人才和設備等資源，共同提供服務等，有效地整合資源，最大限度地降低營銷成本，從而達到減少企業競爭風險，增強企業競爭能力的目的。

2．聯盟的形式

由於合作者的聯盟動機不同，飯店企業可以選擇不同的策略聯盟形式。一般情況下，策略聯盟主要是指職能式策略聯盟。這種策略聯盟是由兩個或兩個以上的企業透過簽訂協議，在一個具體的職能領域進行合作。這種聯盟並不創造新的經營實體，其典型的形式可進一步劃分為研究開發合作、交互分銷協議、交互特許協議、合作生產協議、合作投標聯盟與資產聯結聯盟等。

3．飯店策略聯盟的特點

飯店企業的策略聯盟往往只是指具有特定意義的某種協議，重點是強調聯盟成員進行合作的意義與目的。企業可以在參與某個聯盟組織的同時加入另外的聯盟體。因此，策略聯盟往往具有明確的策略目標，目的是為國際市場或地區性市場服務，充分發揮各自企業優勢。它與收購、兼併等方式不一樣，飯店策略聯盟由於不以產權或資本為紐帶，具有鬆散性的特點。

此外，它與管理合約、特許經營方式也有區別，因為飯店策略聯盟本身不以盈利為目的，向成員收取的所有費用都用於聯盟的各項開支，成員之間僅僅透過一個共同的預訂與營銷系統相連接。

4．飯店策略聯盟的成功運作

飯店企業實施策略聯盟，必須注意以下環節：

（1）選擇合適的合作夥伴。飯店企業在建立策略聯盟以前，必須明確知道自己需要什麼樣的合作夥伴，全面分析潛在合作夥伴的各個方面是否符合自身的需要，只有這樣，結成的策略聯盟才有可能取得預期的成功。一般而言，需要對潛在合作夥伴做以下方面的瞭解：①明確飯店與合作夥伴的目標是否匹配。②明確飯店與合作夥伴品牌價值和市場地位是否匹配。③分析合作夥伴的核心競爭力，明確是否與飯店的核心競爭力互補或協調。④正確評估合作夥伴的資源潛力，是否具有飯店所稀少的資源。⑤分析潛在合作夥伴的企業文化和價值觀的基礎，明確是否與飯店企業存在文化方面的衝突。⑥飯店對於是否能夠使雙方和睦相處從而獲得一個融洽的合作關係有正確的估價。⑦考察潛在合作夥伴是否有過聯盟記錄，對它以前在合作過程中發生過什麼問題和解決情況有充分的瞭解。⑧能否提供優質的服務，並能承諾優秀的服務品質。

（2）加強聯盟品牌的建設。在飯店企業將聯盟作為策略重點並且市場環境快速變化的時候，良好的聯盟聲譽是極其重要的。對飯店企業來講，聯盟聲譽主要來自於四個方面：一是飯店資源。強大的聯盟品牌優勢建立在獨特的飯店資源之上。但是如果想要快速提高聯盟聲譽，飯店資源就不是合適的努力方向，飯店企業各項資源的提高幾乎總是需要巨大的投資和長期的策略投入。二是聯盟的歷史記錄。一個企業總是希望合作夥伴在歷史上擁有許多成功的聯盟記錄。三是聯盟管理技能。聯盟管理方面的可靠記錄也是聯盟聲譽的來源，高超的聯盟管理技能也是企業資源一部分。四是聯盟品牌的宣傳。在聯盟業績的宣傳上花費少量的投資可以有效地影響到聯盟品牌。

（3）塑造共同願景。共同願景是組織中人們所共同持有的意

像或景象，它創造出眾人是一體的感覺，是引導組織成長的重要因素。聯盟企業共同願景的實質內容包括：①必須是由聯盟各方共同達成的，任何單方的一廂情願都難以維持聯盟繼續。②必須有明確的核心價值觀念，即「雙贏」。③必須明確描繪出潛在的價值。潛在的價值是聯盟得以形成的基礎，同時為聯盟各方提供方向指引，也為聯盟過程中的風險與花費提供合理化的理由。塑造一個能夠將策略聯盟的能力發揮到最大，並為市場創造價值的共同願景，對策略聯盟來講是至關重要的。共同願景的形成並不是一蹴而就的，它需要策略聯盟各方謹慎地思考各方企業各自的目標及所要取得的成就，並思考彼此利益和需求的重疊之處，以及可以為市場帶來哪些獨特的價值。

（4）建立有效的溝通體系。在策略聯盟中，合作企業間應建立起一個清晰的溝通體系。這主要包括：①建立以網路為主要方式的先進、高效的溝通管道，使得從總部到成員飯店間、各成員之間的資訊傳遞及交流反饋，都可透過網路實現，暢通無阻。②召開聯盟間不同層次的定期會議或經常性的會議，讓員工有機會檢查策略聯盟是否在預定的目標上運行。③創造條件讓員工之間互訪和交流。④進行正式的、跨文化的培訓項目，這是推進溝通、評估發展情況、加深關係、解決問題的最好的途徑。⑤經常舉行禮節性的聯盟活動以便增進雙方的信任。

（5）完善策略聯盟協議。策略聯盟是一種建立在契約和協議上的聯合，許多策略聯盟有效性的關鍵影響因素都可以透過協議得到實現。飯店策略聯盟的協議，需要明確以下幾點：①確定策略聯盟的共同目標，杜絕短期行為，才能有利於聯盟關係的發展。②明確各方的權利和義務，明確合作領域和合作邊界。根據交易成本理論，聯盟的有效性取決於聯盟是否能使機會主義行為最小化，如果機會主義行為發生的概率很高，那麼聯盟的效率就會降低，特別是經常性的關於合作的義務和權利的爭執會增加解決衝突的成本。因

此，有必要透過協議詳細制訂雙方的目標、合作範圍、承擔的責任和所擁有的權力，以避免潛在衝突的發生。③要制訂公正合理的利益分配機制，將所有可能的利益衝突明朗化，體現「雙贏」精神。收益的評估首先要評估各方投入的資源價值，對飯店策略聯盟來說，促銷的結果是每個飯店各自的客源增加，收益分別流入各個飯店成員的帳上，但是要獲得收益必須要有所投入，為保證聯盟能持續運行，可在協議中規定統一繳納聯盟會費或者以抽成的方式進行利益分配。④透過協議建立解決糾紛的機制，使難以避免的糾紛產生後能迅速得到有效解決。很多時候，儘管出於共同目標，飯店同行業之間很容易達成共謀協議，但這並不意味著就沒有人會背叛共謀協議。因此，鬆散的聯盟組織僅靠相互信任是不夠的，只有建立一套有效的管理、監督機制，彌補信任機制的缺陷，雙管齊下，才能促進聯盟達到整體和個體利益的統一。

二、飯店集團優勢分析

（一）品牌優勢

無論採取何種方式經營的國際飯店集團，其目的都是為了利潤的增加、市場份額的擴大以及企業的成長。服務業的特點決定了飯店能否獲得利潤取決於它能否向客人提供優質服務，而服務品質的高低又受到標誌、舒適度、操作、效率、職業化的程度以及對客人的態度等因素的影響。國際飯店集團統一的商標和標誌向顧客承諾了某種客人預期的服務品質，這對於飯店集團及其成員在競爭中擴大知名度和市場規模起著舉足輕重的作用。特別是當旅遊者在一個陌生的環境中消費時，標誌和品牌在很大程度上能很快樹立起顧客對產品和服務的信心。

在使用統一的標誌和品牌方面，各國際飯店集團已經形成了各自統一的完善的以視覺識別系統（VIS）為視覺傳達形式的企業形象識別系統（CIS）。國際飯店集團的VIS系統包括集團名稱和標

誌、品牌等，一般都採用簡潔明了、易於識記的名稱和相應的圖形標誌，如假日、喜來登、希爾頓等等，這些集團的所有成員都採用所屬集團的名稱和標誌，各成員飯店只在其名稱和標誌後面注明自己的地點。另一種是由多個規模較小的飯店連鎖集團所組成的大型飯店集團，其成員有自己的集團名稱與標誌，同時又使用統一的標誌，如HFS飯店集團，其所屬成員除使用自己的名稱和標誌外，統一使用HFS的標誌。

（二）經濟規模優勢

飯店經濟規模的物質層面主要表現為飯店的接待能力，它不僅表現為飯店的數量、等級和類型等，而且還表現為地域分布。飯店集團一般具有以下優勢：

1. 規模經濟優勢

獨立經營的飯店，由於規模小，造成經營成本和管理費用居高不下，即使市場需求增大，因受規模限制銷售收入也難以同步增長。然而，在飯店集團，企業的上述成本由於分攤而使個體飯店成本水平得以下降。在人力資源方面，由於管理人員管理幅度的擴大，從而使平均管理費用下降，同時，透過共享集團所有的培訓和人力資源，可以幫助成員飯店提高人才素質，彌補人才匱乏的不足；可以相互調配人力資源，實現集團人力資源季節性、結構性方面的最佳使用效果；在市場營銷方面，飯店集團能夠集合各成員飯店的資金，共同負擔世界範圍內的大型廣告開支，而每個成員飯店分攤的廣告等促銷費用得以減少。尤其對於新開業的飯店，由於缺乏營銷經費，往往難以展開大規模的宣傳促銷活動，而參與集團的成員飯店，則可享受到聯合促銷的實惠。

2. 範圍經濟優勢

範圍經濟是指由於跨國公司所經營的業務在地理上擴展到更為

廣泛的空間，從而能更有效地抓住在這些地方可能出現的市場機會，同時，跨國公司集團能在世界範圍內利用所獲得的本地資源更好地滿足消費者。範圍經濟是指企業進行多角化經營、擁有多個市場或產品時，聯合經營要比單獨經營獲得更多的收益。在集團化過程中，由於企業品牌聲譽的擴大，產生了未被充分利用的市場，而現有產品與滿足這些需求之間又存在關聯性，從而有可能順利實現產品線延伸，進而實現跨市場和產品的多角化經營。在分散風險方面，由於市場機制的不完善和資訊的不對稱，企業生產經營活動中存在許多不確定因素，因而面臨風險。飯店企業集團將成員飯店按業務性質、地區、產品等分成各自獨立的企業，透過多角化經營，調整資本結構，在擴充收益組合的同時，增強了應變能力和有效抵禦風險的能力，在動盪不安的市場環境下保持足夠的競爭實力。而處於某一地點、服務於某一特定市場的個體飯店，會由於季節的變化或其他市場環境變化而受到很大衝擊。

3.經驗曲線優勢

當企業長期經營某一產品或市場時，多年累積起來的企業經營訣竅能使生產作業及業務處理速度加快，作業經驗的累積能使產品的單位平均成本趨於下降。飯店集團長期的服務經驗累積，帶來產品設計、服務程序和管理方面的改善，形成管理模式並實行標準化和程序化。管理模式及標準化對於推動飯店集團化具有重要的作用，它使飯店產品的大量生產成為可能，從而帶來成本下降和價格優勢，並在服務、管理方面大大提高勞動效率。

（三）人力資源優勢

飯店業是以提供服務而獲取利潤的產業，人員素質的高低直接影響到飯店服務品質和經營狀況。然而，飯店畢竟是一個以服務為主的行業，新的產品設計、新技術的應用和新的管理模式很容易被競爭對手所仿效，從而失去「壟斷利潤」。因此產品創新必須與過

程創新相結合，訓練有素的員工、透過交流和溝通形成的配合默契的團隊以及飯店管理層的風格是模仿不來的，而這些也正是服務行業利潤的重要來源。國際飯店集團都十分重視自己在人力資源方面優勢的開發和保持，一些以管理合約為主要擴張形式的飯店，如希爾頓集團，更是將優秀的管理人才看成是飯店利潤的主要來源。20世紀90年代以來，由於高科技的挑戰和管理經營環境的變化，國際飯店業普遍面臨的問題是合格的人力資源的短缺，這使得爭奪人才的競爭變得日益激烈。國際飯店集團在人力資源方面的優勢首先表現在員工的教育培訓上，許多飯店集團都在自己的總部或地區中心建立了培訓基地和培訓系統，如假日飯店集團創辦了假日大學，希爾頓在美國休士頓大學設立了飯店管理學院，用於訓練各成員飯店的管理人員和培訓新生力量。

另外，統一的人力資源管理和安排也是飯店集團在人才方面的優勢表現。由總部統一領導的人力資源部門負責在全世界範圍內招聘、考評各級員工，並為他們制訂薪資福利計畫，建立能力和績效檔案以及職業生涯發展計畫。一般國際飯店集團都建立了一個龐大的人力資源內部市場網路，這比盲目地在外部市場招聘更能有效地使用具有不同能力和文化背景的員工，因為內部的考評和升遷制度更能準確而科學地反映各個員工在能力和努力上的差別並能給予適當的激勵。同時，國際飯店集團也注意更多地使用本地員工和管理人員，使他們既具有國際管理的意識和標準，又理解當地文化和相關人群（顧客和員工）的特殊性，從而充分利用本地的人力資源展開管理和營銷活動。

（四）網路優勢

1．資訊網路

資訊對於任何一個企業來說都是非常重要的，許多經濟學家將資訊看作是一種投入到生產中的重要資源。對於國際飯店集團來

說，如何快速準確地獲得全球範圍內的資訊並迅速作出反應是其獲得競爭優勢的又一主要手段。

　　飯店集團對資訊的重視是與資訊技術的飛速發展和企業不斷採用新技術以完善其市場資訊的收集和處理能力分不開的。20世紀70年代全球僅有四家飯店使用電腦，而現在幾乎沒有哪家飯店不使用電腦。電腦技術在飯店業中的應用主要分為HMS、CRS和GDS三個不同的階段。

　　HMS是指飯店管理系統（hotel management system），於20世紀80年代初開始在國際飯店業得到普及，主要用於預訂、客房、客帳的管理，其功能日趨完善，但一般僅限於內部管理，小型飯店多採用HMS系統。CRS即中央預訂系統（center reservation system），是指飯店集團為控制客源使用的集團內部的電腦預訂系統。喜來登集團（Sheraton），早在1958年就開始使用電子預訂系統，同時也是首家在集團內使用電腦中央預訂系統的飯店，喜來登集團的CRS於1970年開通，目前其辦事機構遍布全球。另一家較早採用這一技術的是假日集團，於1965年建立了假日電訊網（Holidex—I），從20世紀70年代至今不斷更新，時至今日假日集團已擁有自己的專用衛星，客人住在假日飯店裡可隨時預訂世界任何地方的假日飯店，並在幾秒鐘內得到確認。目前該網路每天可以處理7萬間訂房，僅次於美國政府的通訊網，並成為世界最大的民網。英國的福特集團採用的是Forten中央預訂系統，其旅行代理商可以隨心所欲地預訂該集團在全球60多個國家的937家飯店不同等級的客房。其他的CRS還有雅高集團的PROLOGIN，RAMADA集團的Roomfinder。這些集團內部的CRS使其在控制客源方面一直處於領先地位。

　　20世紀90年代，GDS全球預訂系統（global distribution system）成為國際飯店業爭相採用的新技術。GDS是一種共享的

資訊網路系統，它使得中小型的獨立飯店企業有可能在網路上擴大自己的市場範圍。但就目前來看，大的國際飯店集團仍享有網路技術帶來的更大利益，這是因為，大的飯店集團較之小的飯店更有實力支付使自己的龐大預訂系統與GDS兼容所需的必要的大規模的投資，因此大集團更有可能開發出能夠掌握顧客資訊的系統。而中小型的獨立飯店則可能還是支付不起上網所需的費用而不得不喪失更多的市場份額。但隨著電腦網路技術的飛速發展及資訊費用的進一步下降，這一對中小型獨立飯店不利的局面有望得到改觀。

越來越多的獨立飯店開始選擇GDS並加入相應的飯店組織以求在激烈的市場競爭中生存和發展。這使得建立在網路基礎上的飯店組織有可能成為更加巨大的集團，GDS正改變著遊戲規則而使競爭格局變得更加難以預料。

2．銷售網路

飯店集團都建有一個客房預訂系統，客人可在世界各地飯店聯號預訂到世界各地任何一家飯店聯號的房間，使客人感到極大方便。各成員飯店也可以互相推薦客源。此外，飯店集團與民航等系統建立合作關係的常客優惠系統是獨立經營的飯店所沒有的優勢。

3．採供網路

國際飯店集團為了保持其產品和服務的穩定品質水平，要求其所屬飯店的設備和原材料規格化、標準化，如廚房設備、中央空調、電梯設備等，通常都由集團的總部物資採購部門集中購買，這些物資可能還包括家具、客房用品、衛生潔具、棉織品、員工制服、食品原料等等，這些龐大的定期採購計畫形成集團的物資供應系統。而統一的大批量購買可使各飯店的成本大大降低，從而提高經營利潤。

三、中國個體飯店集團化的路徑選擇

（一）飯店關鍵成功因素分析

對於飯店關鍵成功因素，國外研究者已經有了不少的探索，大多數研究者認為飯店的關鍵成功因素同樣可以分為「資源」和「能力」兩大類。因此，我們將飯店的關鍵成功因素定義為：飯店經營者在其產業中要能維持持久的競爭優勢或達到自我設定的長期營運目標所必須具備的競爭能力或資源。

飯店要獲得生存與發展的機會，應培育和擁有相應的關鍵成功因素，也即它必須具備相應的資源與能力。在前人研究的基礎上，結合中國當前飯店業的實際，本文提出9類最為關鍵的能力與資源作為個體飯店的關鍵成功因素。

（二）個體飯店分類

當前，中國有部分個體飯店擁有的能力與資源相對全面，因而在獨立運營的狀態下仍然能保持較高的績效產出。當然，在同一個市場環境中，我們也發現大量績效低下的個體飯店。從資源基礎理論的角度看，這些個體飯店的績效低下是因為或多或少缺乏關鍵成功因素，也就是缺乏部分重要的資源與能力。例如品牌資源、財務資源、營銷能力、優質服務提供能力等。根據資源與能力上的差異，中國目前經營績效低下的個體飯店大致可分為以下四種類型：

1．全面短缺型

此類個體飯店通常由非專業的業主投資建立，在高級管理人才、財務資源、品牌與聲譽、內部管理以及營銷能力等方面都存在較大的不足。

2．人力資源與管理能力短缺型

此類個體飯店財務實力較為雄厚，一般擁有優越經營條件（規模、地點、市場等），但高級人才資源與專業管理能力缺乏，這也

進而影響到了品牌以及市場開拓、成本控制和人才培養等方面的能力。

3·品牌與營銷能力不足型

此類個體飯店內部管理制度較為成熟規範，管理人才有較為充足的儲備，人才專業性較高，自身具備一定的經營管理能力，但缺乏品牌與聲譽方面的支持，也缺乏市場推廣和開拓方面的強大能力。這類個體飯店往往擁有較好的本地、國內客源市場基礎，但缺乏優質國際客源，經濟效益難以大幅提升。

4·財務與客戶資源匱乏型

此類個體飯店自身具備較強的經營管理能力，已經形成了較完備的運營管理體系，有一定的管理人才儲備，但缺乏品牌與聲譽方面的支持，財務資源較為匱乏，不足以支持其購買管理合約或者特許經營權，同時也缺乏適合其等級定位的客戶資源。

以上四類個體飯店都有其資源和能力上的缺陷。要提高其績效，有必要引入一定的連鎖經營模式，從外部吸收所缺資源與能力，以提高飯店運作成功的可能性。

（三）飯店連鎖經營模式特徵分析

「租賃連鎖」、「委託管理經營（管理合約）」、「特許加盟」和「飯店聯合體」四種連鎖經營模式各有其特點，在資源與能力的供給方面有著較大的差異。

1·租賃連鎖經營

在租賃連鎖經營模式下，飯店聯號可憑藉自身的客戶網路資源、高級人力資源、財務資源以及品牌和聲譽等無形資源為個體飯店注入活力，同時飯店聯號也將憑藉自身強大的營銷與市場拓展能力、標準化運作體系、技術能力、成本控制能力以及人才培養能力

為個體飯店的持續發展提供有力的保障。

2．管理合約

管理合約是由飯店聯號和業主兩方簽訂的一個法律合約，其中飯店聯號負有運營和管理飯店業務的責任；而業主則不作經營決策，但承擔籌集運營資本、營業費用以及償還貸款的責任。由此可見，透過管理合約的形式展開委託管理經營，飯店聯號可向飯店輸出高級人力資源、客戶網路資源以及品牌和聲譽等無形資源，同時其強大的營銷與市場拓展能力、標準化運作體系、技術能力、成本控制能力以及人才培養能力將大大提高個體飯店成功的可能性。

3．特許加盟

特許加盟，本質上是飯店聯號（授予方）和飯店業主（受許方）之間的一種協議。根據協議，飯店聯號允許飯店業主使用聯號的名號和服務；作為回報，飯店業主向飯店聯號支付特許經營費和使用費。在簽署特許協議之後，業主有權使用飯店聯號的設計、系統、程序以及最重要的全球預訂系統和聯號廣告、促銷以及採購項目等。因此，運用特許加盟連鎖模式，飯店聯號可向飯店輸出客戶網路資源以及品牌和聲譽等無形資源，同時為其提供強大的營銷與市場拓展方面的支持、標準化運作體系、成本控制能力和技術能力，這無疑也將極大地彌補個體飯店原有資源和能力的不足。

4．飯店聯合體

飯店聯合體是多個獨立飯店的自願聯合，其成員飯店透過聯合體可以獲得個體飯店無法取得的重要資源（例如預訂網路）。與飯店聯號不同，飯店聯合體並不真正擁有下屬飯店，也沒有管理飯店的責任，不能要求成員飯店按照統一的管理模式運營。飯店聯合體成員可以保留自己的品牌，由業主按照自身的意願管理飯店，同時參與聯合體的一系列支持性活動（如聯合促銷、培訓等）。飯店聯

合體的中心任務是進行整體營銷，增加成員飯店的收入。由此可見，飯店聯合體主要向個體飯店提供客戶網路資源以及品牌和聲譽等無形資源，同時也輸出營銷與市場拓展能力和技術能力。

（四）個體飯店類型與各種連鎖經營模式的匹配

在上述分析的基礎上，我們提出一個個體飯店與連鎖化經營模式匹配模型。

類型Ⅰ的個體飯店，可選擇租賃連鎖經營模式，即業主可將飯店出租給專業飯店聯號展開經營，獲取租金。

類型Ⅱ的個體飯店，則可以選擇委託管理經營模式，即透過與飯店聯號簽訂管理合約，在保持所有權的前提下，使用飯店聯號品牌，將管理權轉移給飯店聯號委派的專業管理人員，以管理費和獎金的形式向飯店聯號支付費用。

類型Ⅲ的個體飯店，由於自身具備較強的經營管理能力，人員儲備較為充足，但飯店在市場上缺乏品牌影響力，在市場開拓方面，尤其是國際市場開拓方面存在障礙，因此可使用特許加盟連鎖方式。這一方式只需支付飯店聯號品牌使用費以及部分銷售費用，成本相對較低。

此外，這種方式由於沒有將管理權讓渡給外部的聯號公司，投資者對飯店仍可以實施嚴格的控制。對於管理水平很高的個體飯店來說，這種模式是迅速擴大自身影響的一種有效方式。

類型Ⅳ的個體飯店，其自身具備相當的管理能力，但較為缺乏財務資源與客戶資源，因此選擇飯店聯合體經營模式更為合適。飯店聯合體運作較為簡單，提供的資源相對較少，因此個體飯店所需支付的費用也相對低得多。而且加盟飯店自身的品牌不必發生改變，可以保持較高的獨立性。

在實踐中，各個體飯店所面對的具體情況是千變萬化的，但從

資源和能力的角度看，這些個體飯店又具有較多的共性，因而個體飯店可以參照上面提出的分析框架，選擇合適的連鎖經營模式，彌補自身資源與能力的不足，以提高成功的可能性。

四、飯店集團的跨國經營

中國的飯店集團要做大做強，除了應該充分體現以上所說的集團優勢以外，還必須提升企業的國際競爭力。從長遠來看，企業國際競爭力主要表現在國際化經營上，即在國際市場上與國際競爭對手相競爭的能力。跨國經營是指飯店企業直接參與了資源的跨國傳遞與轉化，是飯店企業國際化經營的最高階段。飯店企業國際化經營大致可劃分為初級、中級、高級三個階段。

（一）初級階段

初級階段指飯店企業只是在國內開始接待境外賓客，還沒有跨越國界到國外去經營的國際化經營階段。這一階段是多數發展中國家飯店企業進行跨國經營的必經階段，它們透過這一階段的經驗累積，為進行更高形式的國際化經營做好管理模式、人力資源和營銷方法等方面的準備。通常，飯店企業國際化經營的初級階段有兩種表現形式：一是飯店企業只是等客上門，坐店經營，不進行任何國際市場營銷活動。這種形式一般在一國國際旅遊市場客源充足，而飯店產品供給相對缺乏時，比較多見。二是飯店企業開始主動展開一些國際市場營銷活動，如透過境外的各種媒體宣傳促銷自己的產品，加入某一國際飯店預訂網路組織或建立自己的中央預訂系統，讓境外旅遊者可以事先預訂自己的產品等。但是，這些主動的營銷工作並不是策略性的系統工作，通常是為了應對日益激烈的飯店市場競爭，進一步開拓市場而展開的行動。

（二）中級階段

中級階段主要表現為飯店企業跨越國界，以合資形式與境外飯

店企業建立策略聯盟，展開國際化經營。飯店企業之所以選擇合資形式，除了資金和生產成本方面的原因外，還有文化差異的影響。在這一時期中，飯店企業對境外顧客的消費模式、法律環境、市場結構以及飯店企業從業人員的行為特徵等直接影響飯店企業經營績效的因素尚未完全掌握，如果不是透過合資的方式來學習和累積這方面的經驗，而是貿然投入大量的資金獨立經營，可能會產生投資失敗的後果。當然，這裡的分析是一般意義上的，我們並不排除一些資本雄厚、品牌發育成熟的飯店企業出於某種策略考慮而越過這一形式直接進入更為高級的國際化經營階段。

（三）高級階段

進入國際化經營高級階段的飯店企業在展開跨國經營的業務時，開始進行直接投資，並且隨著飯店企業品牌以及國際管理經驗的成熟，開始綜合運用投資、合資、租賃、併購以及非資本維度的管理合約、特許經營、策略聯盟等多種現代商業運作工具，全方位、大規模、高速度地拓展自己在全球市場上的份額。特別是管理合約輸出、特許加盟、策略聯盟等現代商業創新制度的綜合運用，可促使飯店企業的跨國經營進入一個新的發展階段：資金規模不再是唯一決定性因素，技術、制度、市場與管理的創新成了飯店企業從事跨國經營活動的根本推動力量。

第三節 飯店品牌經營策略

品牌經營是從品牌定位開始，經過品牌設計、品牌傳播、品牌管理等一系列策略實施，實現品牌擴張、品牌增值的過程。

一、飯店品牌的創立

中國著名的飯店管理專家陳紀明先生認為，一個品牌飯店，必

須具備五個基本特點：一是知名度高，有良好的品牌效應、美譽度。二是社會影響大，解決大量下崗和待業人員就業，為國家多創稅收，積極主動多做社會公益事業。三是企業效益好，良好的企業效益是優秀管理的見證，否則，品牌的含金量就會受到質疑。四是薪酬待遇高，讓員工得到實惠，也是飯店競爭力的體現。五是晉升機會多，為員工個人成才提供廣闊的發展空間。飯店品牌的創立，是一項系統工程，首先須從規劃品牌識別系統開始，它不僅僅是為飯店取個好名字，還需要一個完整的品牌個性策劃，同時需要規劃好飯店品牌系統結構，以系統、有效地建立「品牌家族」，為飯店企業創造最高的品牌利潤。

（一）飯店品牌個性定位

飯店瞄準特定的目標市場，並針對它的特點設計出最具威力的「進攻」方式，然後將設想實施，使產品在消費者心中取得無可替代的位置，這一系列操作過程就是定位。定位的精髓在於捨棄普通平常的東西而突出富有個性特色的東西。

消費者不會任何品牌都接受，只有那些具有被消費者欣賞的個性的品牌，才能為消費者接納、喜歡並樂意購買，品牌也由此體現出其價值。同樣，只有具有鮮明的品牌個性的飯店才能從眾多的飯店中脫穎而出。品牌個性的形成是長期有意識培育的結果，它的形成大部分來自情感方面，少部分來自邏輯思維。因為品牌個性反映的是消費者對品牌的感覺，或者說品牌帶給消費者的感覺。品牌個性可以來自飯店經營中與品牌有關的所有方面。以下是塑造飯店品牌個性的幾個重要途徑。

1．飯店產品或服務的自身表現

飯店的產品或服務是飯店品牌行為的最重要載體，飯店產品或服務的表現和創新隨著其在市場上的展開而逐漸廣為人知，從而形

成飯店自身鮮明的個性。如福特（Forte）飯店集團在全球範圍內將所屬飯店劃分為三個不同的品牌：福特之家，提供路邊經濟型住宿接待服務；福特驛站，遍布英國的現代化飯店聯號；福特之冠，高品質的現代化商務飯店聯號。另外，福特飯店集團還針對不同的細分市場發展了擁有自主產權的飯店聯號，每一家都有自己的名字、風格和特點。如福特遺蹟聯號是一系列遍布英國的特色飯店，從有歷史背景的馬車旅社到豪華的古代建築都被翻修一新，向客人提供傳統的慇勤服務、美味佳餚和當地的特色啤酒。豪華福特聯號則是一系列第一流的國際飯店，提供傳統歐洲風格的、高水平的服務。

2．飯店的顧客

由於一群具有類似背景的顧客經常光顧某一品牌的飯店，久而久之，這群顧客共有的個性就被附著在該飯店品牌上，從而形成該飯店品牌穩定的個性。要做到這一點，實施定位時必須要仔細研究目標顧客和競爭者，以確定選擇什麼樣的細分市場和什麼樣的差異優勢作為主攻方向。如日本東京的「山之上旅館」的定位是「文化人的旅館」，強調其文化性，表明不喜歡不速之客和粗俗之人。凱悅公園飯店是專門為那些追求個性化服務和歐洲典雅風格的散客設計的。所以它們都擁有優越的地理位置，要嘛高聳於市中心，要嘛坐落於著名的街道旁，與街邊勝景相得益彰。

3．飯店品牌的代言人

透過借用名人，也可以塑造品牌個性。透過這種方式，品牌代言人的品質可以傳遞給品牌。

在這一點上，耐克公司是做得最為出色的一個。耐克總是不斷地尋找代言人，而且從不間斷。從波爾·傑克遜到麥克·喬丹、查理斯·巴克利、肯·格裏菲，耐克一直以著名運動員為自己的品牌

代言人，這些運動員被用於闡釋耐克「JUST DO IT」的品牌個性，迷倒了眾多的青少年。

4．品牌的創始人

飯店企業在發展的過程中，其創始人的名聲漸漸廣為人知，如唐拉德·希爾頓、愷撒·裏茲等。這些創始人的品質會成為品牌個性塑造最有用的來源，他們的思想和身上一些獨具魅力的品質可被傳遞到飯店品牌上，從而形成品牌個性。

總而言之，品牌個性是一個飯店品牌最有價值的東西，它可以超越飯店產品而不易被競爭品牌模仿。品牌個性的人性化價值、購買動機價值、差異化價值和情感感染價值構成了品牌的核心價值。

（二）飯店商標設計

商標是從法律角度對飯店品牌的保護，屬於知識產權。商標從飯店品牌的名稱、圖案、字體等方面在法律層面上對飯店品牌進行界定。商標申請註冊後就會受到法律保護，未經註冊人的同意，他人不得擅自使用。

1．名稱設計

一個好的名稱有助於飯店品牌形象的樹立和傳播，飯店品牌的名稱設計一般可以從以下幾方面來考慮：第一，簡單易記，緊扣主題。這樣的名稱很容易傳播，至於飯店品牌所包含的內容則是歷史與現實的累積，隨品牌發展而不斷豐富起來的。第二，高度抽象，兼容性強。飯店品牌的名稱不能完全限定在特定的內容上，而應有較強的可解釋性或兼容性，其內涵應隨著飯店企業的發展和飯店企業精神內容的變化而不斷豐富。第三，富有創意，避免雷同。若在名稱上不易識別，會造成市場上的混亂，而且也會限制自身的發展。第四，含義積極，聯想豐富。飯店品牌名稱不僅要能抓住飯店產品的主要特點，而且還應從語言和社會文化的角度來考察。

2．標誌的設計

飯店標誌是飯店品牌中能被識別但不能用語言直接讀出的那部分文字、圖形或兩者的結合，它代表飯店的形象、特徵乃至飯店的信譽和文化，是消費者心目中飯店的另一個重要的識別工具。

飯店標誌一般可分為三種：一種是圖形標誌；另一種是文字標誌；第三種是組合標誌，即字體與圖形的組合。作為一個優秀的飯店標誌，一般必須具備以下幾個條件：

（1）簡潔鮮明。即飯店標誌必須醒目，便於消費者識別、理解和記憶。

（2）獨特新穎。即飯店標誌必須與眾不同，個性顯著，使消費者看後能產生耳目一新的感覺。

（3）寓意深遠。即飯店標誌必須別出心裁，能表達深遠的意義，耐人尋味。

（4）準確相符。即飯店標誌寓意要準確，品牌名稱與標誌要相符。

（5）優美精緻。即飯店標誌要講究整體的均衡性、對稱性和協調性，使標誌具有整體優美、強勢的感覺。同時，標誌要有較強的適應性，並確保標誌在各種場合和用途中不至於發生扭曲和變形等失真情況。

3．標準色的設計

標準色是代表飯店品牌標誌的特殊顏色，即標誌色。飯店的標誌色設計，應本著求精求簡的原則進行篩選、組合。標誌色一般為1～2種，不宜超過3種，並且應區分主色與輔色。同時，色彩還應與標誌、名稱、經營風格等相呼應。

4．標準字體的設計

標準字是經過特別設計的文字組合，它透過獨特的間架結構、筆畫濃淡，利用可讀性、說明性、獨特性的文字組合來表現品牌的個性。

飯店的標準字可以分為三類：第一類是名稱標準字，用於表現飯店的名稱。這類標準字要求醒目大方，易於辨認，且能反映飯店個性。第二類是標題標準字，主要用於飯店簡介、廣告文案、海報招貼、專欄報導等標題。第三類是活動標準字，主要是飯店展開各類活動時所設計的標準字。

在設計標準字時，應考慮標準字與其他外顯要素的配合，並能反映出飯店的精神氣質，同時兼顧漢字規範標準與英文標準字的配合。

（三）情感訴求設計

飯店產品和服務只是滿足顧客需求的物質外殼，而飯店品牌特別是飯店品牌的情感訴求則滿足的是顧客需求的精神性東西，如果飯店品牌的情感需求定位不準，則容易使飯店品牌構成要素之間失去重心，無法形成穩定關係，飯店品牌在人們心中就變得模糊起來，最終導致飯店品牌形象的失敗。

飯店的情感訴求一般是透過飯店的標誌語和飯店的服務和營銷主題體現出來的。

1．品牌標誌語

品牌標誌語是除了名稱、標誌以外對品牌的又一大識別因素，是品牌名稱和品牌標誌功能的深化，能夠更明確地實施對品牌的定位和再定位策略。

品牌標誌語與品牌名稱屬於「姐妹」關係。它們都具有識別性與溝通性兩種功能，如北京貴賓樓飯店：「走進貴賓樓，人人是貴

賓」；廣州花園飯店：「非凡匯聚，商務之最」；珠海禦溫泉渡假村：「洗盡歲月風塵，留下美好回憶」；北京溫特萊飯店：「一個沒有冬天的飯店」。品牌名稱的使命首先是識別性，而標誌語的使命首先是溝通性，它可以彌補品牌名稱本身溝通性的不足。標誌語的識別功能的實現主要依賴於創意的形式及廣告媒體的強度。

2．服務主題活動

著名的飯店品牌，一般都有自己的服務主題，並據此展開相應的服務主題活動。如香格里拉飯店集團的「殷情好客亞洲情」，開元國際飯店管理公司的「開元關懷」等。這些服務主題及相應的活動，對於提升飯店的服務品質，確立自身的品牌，造成了良好的促進作用。

案例3-2

凱悅「時刻關心您」

凱悅盡力向所有的賓客提供最佳服務，服務宗旨是「時刻關心您」，以優質服務創出一個「凱悅風格」。凱悅一直致力於吸引並擁有一支能提供優質服務的員工隊伍，這支隊伍富於創新精神，以顧客為中心。凱悅認為服務標準的連貫一致與盡善盡美同等重要。因此，從毛伊島到澳門，從巴爾的摩到巴黎，飯店的建築風格可能不一樣，服務人員的膚色可能也不一樣，但服務品質必須達到規定的水平。凱悅各個飯店都在賓客的舒適、方便上下工夫，特別注意服務細節。入夜，服務員將賓客的床角輕輕地折起，在枕邊放上一塊薄荷糖或巧克力糖。客房裡備有浴帽、針線盒、皮鞋刷等物品；鬧鐘與收音機一體，婉轉動聽的音樂會按時將賓客喚醒。在餐飲上，凱悅講究的是新鮮與創新。早餐的果汁是現榨的，全天供應的水果、魚和蔬菜都是新鮮的。鑑於對顧客健康的關切，飯店餐廳準備清淡的主菜菜譜，兼顧賓客的「健康」與「口福」。為了照顧有

孩子的家庭的需要，飯店有很多為兒童設計的項目，包括有教育意義的遊戲、活動和適合十幾歲兒童的、有文化內涵的節目。家長能以半價為孩子訂到一個小房間，同時餐廳有兒童菜單與送餐服務。

3．營銷主題

為了提高品牌的知名度，並產生良好的品牌聯想，著名的飯店品牌還必須有獨特和系統的營銷主題及相應的活動。如開元國際飯店管理公司屬下的杭州開元之江渡假村，其品牌標誌語是「與您共渡假日」，營銷的主題是給賓客一個真正的假日，與之相應的是四季主題營銷活動：春天旋律，浪漫夏日，金色秋天，溫馨冬季。這種特色鮮明的渡假品牌情感訴求和鮮明的主題營銷活動，使得杭州開元之江渡假村在眾多的渡假飯店中脫穎而出，始終保持著良好的經營業績。

（四）飯店品牌策略選擇

飯店品牌的經營按照品牌與產品的關係及擴展方向，主要可以歸納為單一品牌策略、主副品牌策略和多元品牌策略三類。

1．單一品牌策略

單一品牌策略是指在品牌擴張時，直接使用飯店或者飯店集團的公司名稱作為產品品牌名稱，即公司品牌策略。例如，瑪裏奧特飯店集團的瑪裏奧特飯店、渡假村和套房品牌，以及希爾頓飯店集團的希爾頓品牌都是使用公司品牌。但是，這種品牌策略在當今西方大型飯店和飯店集團中已經非常少見，主要原因是許多大型飯店或者飯店集團都在多個等級的細分市場中展開業務，對所有等級和種類的飯店產品都使用公司品牌容易造成公司品牌形象的模糊。

相對而言，單一品牌策略對於一些採取目標集聚策略的飯店和飯店集團來說是非常合理的。

例如，香格里拉飯店集團和加拿大的四季飯店集團主要在全球豪華市場競爭，均使用單一品牌，無論是產品品牌還是公司品牌體現的都是豪華的形象，不存在品牌模糊問題。產品和公司使用相同的品牌，體現了產品和公司形象的高度統一。

2‧主副品牌策略

把主品牌與次品牌結合在一起的品牌策略，是主副品牌經營策略。原有品牌即為主品牌，也稱為母品牌。在飯店和飯店集團的品牌中，能充當主品牌的主要是指飯店或飯店集團的公司品牌。附加在主品牌後面或前面的新品牌，稱為副品牌、次品牌或子品牌。副品牌的作用是改變主品牌的聯想，增加主品牌的個性與活力，從而使主品牌獲得新的內涵。一個好的副品牌能夠使產品在眾多的同類產品中突顯個性之美，增強品牌的促銷功能，引導消費者接受和認可新產品。另一方面，對飯店業來說，如果在高檔品牌下開發中低檔飯店產品，勢必會影響到原有品牌的價值，此時開發副品牌就是必要的。

3‧多元品牌策略

多元品牌策略是指飯店或者飯店集團的各類飯店產品使用完全不相關的品牌名稱，構成多個獨立（產品）品牌的組織結構。譬如精品國際飯店集團，採用的就是多品牌策略。旗下的九個品牌彼此獨立，且與精品國際本身無多大關聯。其中Clarion Hotels是精品國際中提供全面服務的一流飯店品牌，該品牌的宣傳口號是「精益求精」；Econo Lodge以大眾可以接受的中等價位提供整潔、經濟的服務，其名聲在全球同等級的飯店中是最大的；Rodeway Inn主要面向城市或大中城鎮的高級旅遊市場，提供中等價格的客房，該品牌的宣傳口號是「溫馨的家園」。

二、飯店品牌的傳播

品牌傳播是指品牌經營者找到自己滿足消費者的優勢價值所在，用恰當的方式持續地與消費者交流，促進消費者的理解、認可、信任和體驗，產生再次購買的願望，不斷維護對該品牌的好感的過程。

（一）媒體傳播

媒體傳播是指飯店透過文字（報紙、雜誌、書籍）、電波（廣播、電視）、電影等大眾傳播媒介，以圖像、符號等形式，向不特定的多數人表達和傳遞資訊的過程。不同的媒體傳播效果不盡一致，每種媒體各有其優劣勢，營銷傳播的目標是要找到一種媒體組合，以使傳播用最低的成本、最有效的方式把品牌特徵資訊傳播給儘量多的目標受眾。

當然，互聯網將大眾傳播帶到一個新的發展階段。網路技術的發展在給飯店經營者創造了新的傳播管道的同時，也為顧客交流資訊與意見提供了良好的平臺。目前越來越多的人在進行購買決策時（特別是異地消費者），都會主動尋求網上的相關資訊。除了查詢飯店的網站，他們還會到很多旅遊論壇或飯店論壇瀏覽別人的消費經歷與評價，以此作為購買決策的借鑑。

（二）公關傳播

飯店公關傳播是指飯店企業透過參與某項社會活動，並圍繞該項社會活動展開一系列營銷活動，借助所參與活動的良好社會效應，提高飯店品牌的知名度與品牌形象，獲得社會各界廣泛的關注與好感，為飯店創造有利的生存和發展環境的過程。

飯店的公關傳播要做到行之有效，必須注意以下幾點：

1．選擇適宜的公關時機

儘管公關活動是一項經常性的工作，其作用是潛移默化的，但

是利用或抓住有利的公關時機，展開強有力的公關活動，往往能事半功倍。

2．選擇有特定意義的公關對象

按理說，所有的社會公眾都是飯店的公關對象，但飯店的人力、財力是有限的，所以除了一般的面上公關以外，還必須抓住重點，有所選擇，合理進行排列，有目標地展開公關活動。

名人效應對飯店而言是一種無形的口碑傳播。飯店接待的名人越多，級別越高，飯店在公眾心目中的地位也就越顯要。權威人士的選擇往往對顧客的購買決策具有很大的影響，知名人士入住飯店本身就意味著對飯店等級的一種認可，如美國總統在北京長城飯店舉行答謝宴會，使長城飯店聲名遠颺就是典型一例。

3．選擇正確的公關方式

公關方式多種多樣，如根據公關選用的媒介，可分為宣傳型的公關、交際型的公關、服務型的公關、社會型的公關；根據飯店的不同時期可分為徵詢型的公關、建設型的公關、維繫型的公關；根據飯店所處的不同狀況可分為進攻型的公關、防禦型的公關。飯店公關要根據不同的公關目的、對象，選擇不同的主題和形式，以收到良好的效果。

4．選擇有創意的公關活動

公關活動要以特見長，出奇致勝，給公眾留下深刻的印象。公關創意可從以下幾方面進行考慮：①政府支持。公關策劃的事件要有一定的社會意義，得到政府的支持。②公眾關心。公關內容應貼近公眾的生活，走進公眾的生活，引起公眾的興趣。③媒介關注。公關的內容同時也是新聞媒介關注的焦點或熱點。④組織受益。公關活動的效果能帶給飯店較大的收益。

（三）顧客傳播

顧客傳播就是讓顧客成為飯店的義務宣傳員。對此，飯店可鼓勵消費者將品牌推薦給其他消費者，例如有的飯店向顧客傳遞這樣的資訊：「假如您吃得滿意，請告訴您的朋友，假如您有意見，請告訴我們。」當然，飯店還可以將意見領袖作為目標，透過免費服務，刺激其傳播。但是，顧客傳播的關鍵，還是在於提高顧客的滿意度，進而達到顧客忠誠。而要達此目的，飯店提供的服務必須是令顧客心動的服務。為此，飯店必須抓好以下三個關鍵環節：

1．滿足顧客的需求

眾所周知，顧客的需求具有多樣性和多變性，但作為消費者，必然有其共同的需求。飯店的服務要打動顧客的心，基礎是必須滿足顧客的共同需求。按照服務營銷理論，低成本、有品位、高品質則是飯店顧客的共同追求。顧客在消費服務時，通常需要付出一定的貨幣、時間、體力和精力。即顧客總是希望以儘量低的代價換取自己所需的服務。低成本，即飯店提供的服務必須充分考慮顧客的支出，使顧客感到物有所值、甚至超值。顧客的消費，總會根據自己所處的經濟層次和特定的消費目的選擇飯店。有品位，即飯店提供的服務不能有失顧客的身份，而應凸現和提升顧客的身份和地位。高品質，即飯店提供的服務應使顧客有舒適和舒心之感。飯店服務品質的構成是綜合性的，主要包括四個方面：一是環境品質，主要表現為地理位置、周圍環境、市政配套等情況；二是設施品質，主要表現為設施數量、設備等級、功能布局、裝修品質、完好程度等要求；三是產品品質，主要表現為客用品、餐飲產品的品質；四是服務水平，主要表現為服務項目、服務態度、服務方式、服務時機、服務效率、服務技能的水準。飯店的服務必須環環扣緊，步步到位。

為此，飯店的服務必須科學化。科學化主要體現在飯店有形設

施的數據化，無形服務的有形化，服務過程的程序化，服務行為的規範化，服務管理的制度化，服務結果的標準化。對此，飯店首先應正確認知顧客的需求，並能正確認知顧客評價服務的因素。飯店應明確提供給顧客的核心服務、相關服務和輔助服務的內涵，並把握好每個層次質和量的要求。

如飯店客房的核心服務是給予顧客安全、寧靜、舒適、溫馨的住宿設施與環境，那麼飯店就必須在以上四個關鍵點上力求完美。其次，把認知的顧客需求轉化為服務品質規範。即對各個服務環節分析、規範、量化後，以制度的形式確立下來，變無形為有形，變概念模糊為可衡量，使無形的服務變得有章可循、有律可評。如透過對員工的進房次數、時機及整房的程序和要求，客房的大小、光線的明暗、溫度的高低、客房的水溫和水流、客用消耗品、棉織品、電視機、電話機振鈴聲的音量等作出質和量的規定，使「安全、寧靜、舒適、溫馨」變得可衡量。最後，服務人員能夠把服務規範演化成優質的具體服務。這就要求服務品質規範本身是科學合理的，同時要求服務人員訓練有素。

2．讀懂顧客的心態

要打動顧客的心，前提是必須瞭解顧客的心態。只有充分理解顧客的角色特徵，掌握顧客的心理特點，提供令顧客舒適和舒心的服務，才能打動顧客的心而贏得顧客的認可。

（1）顧客是具有優越感的人。市場經濟是消費者經濟，供略大於求是市場經濟的必然規律。所以，在飯店與顧客這對矛盾中，顧客是矛盾的主要方面，顧客是飯店的「衣食父母」，是給飯店帶來財富的「財神」。所以，在與飯店的交往中，顧客往往具有領導的某種特徵，表現為居高臨下，發號施令，習慣於使喚別人，從某種意義上說，顧客到飯店是來過「領導癮」的。為此，在飯店服務中，我們必須像對待領導一樣對待顧客。第一，必須表現出尊重，

關注顧客，主動向顧客打招呼，主動禮讓。第二，必須表現出服從，樂於被顧客「使喚」。始終記住這樣一個信條：再忙也不能怠慢你的顧客；忽視顧客，等於忽視自己的收入，忽視企業的利潤。第三，必須盡力「表演」，要用心服務，注重細節，追求完美，達到最佳的效果。第四，必須注重策略。領導有時也會瞎指揮和犯錯，對此，聰明的下屬一般都會採取委婉和含蓄的方法幫助領導自己調整指令和改正錯誤，以便既能使領導不失權威，又能使自己順利完成任務。所以，對待顧客的無理要求或無端指責，我們同樣要注意藝術，採取引導和感化的方法，讓顧客自己作出更改的決策，使他感受到正確使用權利的快樂。

（2）顧客是情緒化的「自由人」。儘管顧客具有領導的慾望，但他卻不會像領導一樣要求自己。顧客不是一種工作角色，他是一位「自由人」，其行為舉止不受各種職業規範制約，他會顯得特別放鬆而比較情緒化，當然，人性的某些弱點也相對會暴露無遺。對此，飯店應意識到顧客是需要幫助、關愛的朋友，應努力以自己的真誠和優良的服務去感化顧客，要努力去發現顧客的興奮點，培養顧客良好的情緒，以保持同顧客的有效溝通，幫助顧客渡過難關，克服某些「缺陷」。基於情感的愛心、誠心、耐心、細心、貼心，依然是飯店打動消費者情感的核心。對於顧客的過錯，只要顧客並不是有意挑釁，或損害其他顧客的利益和飯店的形象，或侵犯員工的人權，侮辱員工的人格，飯店均應給予足夠的寬容和諒解，作出必要的禮讓與化解。

（3）顧客是來尋求享受的人。飯店服務不是一種生活必需品，而是一種享受品。無論顧客出於何種原因來飯店，但都有一個共同的要求，即享受。他們不管在單位和家庭如何能幹，但在飯店則總會表現出「坐享其成」的心態。所以，飯店服務必須環環扣緊，步步到位，從而達到飯店服務的三條黃金標準。即：凡是顧客看到的，都必須是整潔美觀的；凡是提供給顧客使用的，都必須是

安全有效的；凡是飯店員工對待顧客，都必須是親切禮貌的。

（4）顧客是最愛講面子的人。愛面子，喜歡聽好話，這是人類的天性之一，幾乎所有的顧客都喜歡表現自己，顯得自己很高明，而且希望被特別關注，給以特殊待遇。對此，飯店必須給顧客搭建一個「舞臺」，給顧客提供充分表現自己的機會，讓顧客在飯店多一份優越和自豪。首先，飯店必須給顧客營造一種高雅的環境氣氛和濃厚的服務氛圍，讓他有一種「高貴之家」的感覺，以顯示其身份和地位（經濟型飯店除外）。為此，飯店必須努力做到設計合理、裝修精緻、布置典雅、店容整潔、秩序井然、服務親切。其次，飯店員工必須懂得欣賞和適度恭維顧客的藝術，要善於發現顧客的閃光點。比如，當顧客不看菜單而迅速點出某一道菜時，你應當對他投以讚美的目光，或者說上一句：「的確，這道菜的味道不錯，您確實很有眼光。」當顧客對某些菜餚作出點評時，你應該表示出驚羨、恭敬之神色，作出相應的反應，不要忘記稱他是一位美食家。最後，飯店員工必須對顧客像對待自己的朋友一樣關注，真正體現一種真誠的人文關懷精神，營造出一種「特別的愛給特別的你」的「高尚」境界，為每位顧客獻上一份特別的關愛，讓他體會到「我是最重要」的感覺。

3．超越顧客的期望

要打動消費者的心，僅有滿意是不夠的，還必須讓他們驚喜。現代營銷理論告訴我們：滿意是指顧客對飯店產品實際感知的結果與其期望值相當時，形成的愉悅的感覺。驚喜則是當顧客對產品實際感知的結果大於其期望值時，形成的意料之外的愉悅感覺。而只有當顧客有驚喜之感時，顧客才能真正動心。為此，飯店的優質服務應超越顧客的期望，即飯店提供的服務是出乎顧客意料或從未體驗過的。

要超越顧客的期望，關鍵是飯店的服務必須做到個性化和超常

化，並努力做好延伸服務。個性化即做到針對性和靈活性。顧客是千差萬別的，針對性，就是要根據不同顧客的需求和特點，提供具有個性化的服務。同時，顧客是千變萬化的，即使同一個顧客，由於場合、情緒、身體、環境等不同，也會有不同的需求特徵和行為表現。靈活性，就是在服務過程中隨機應變，投其所好，滿足不同顧客隨時變化的個性需求。超常化，就是要打破常規，標新立異，別出心裁，推陳出新，讓顧客有一種前所未有、意想不到的感覺和經歷。超常化的服務，既可以是其他飯店所沒有的、顧客所沒有想到的服務，也可以是與眾不同的獨特服務。延伸服務，即把服務延伸至飯店常規業務之外，使顧客享受飯店的有關資源，真正實現雙贏的夥伴關係。如一位商務顧客因業務關係需聯絡政府某部門，但由於初來乍到，人地兩生，有一定困難。而此時飯店憑藉自己的業務關係網，主動幫助聯絡安排，使其心想事成。這些並非飯店的分內服務必然會使顧客動情，進而對飯店產生忠誠。

當然，要超越顧客的期望，飯店的宣傳及廣告必須恰到好處，既應展示飯店的服務特色和優勢，令顧客嚮往並吸引他們的光臨；又應符合客觀實際，宣傳適度，以免造成顧客的過高期望。

三、飯店品牌的營運

飯店品牌經營的生命力在於實現品牌資產的價值。因為只有使飯店的品牌產生溢價和增值效應，才能保證飯店品牌的持續經營。飯店品牌營運，既要注重品牌的有效保護，防止品牌形象受損或被侵權，又要利用品牌效應，實現品牌擴張。

（一）飯店品牌的維繫

品牌的維繫可以分為兩種形式：積極性維繫和保守性維繫。前者指飯店採用的提升飯店形象、品牌形象的傳播經營手段以及內部產品創新、管理創新等方式，是一種積極開拓市場、加強品牌形象

的進攻性策略，其核心是追隨消費者心理變化與市場變化，不斷創新。後者指在飯店品牌經營中採取非進攻性的、用於穩固品牌地位和聲譽的傳播及經營手段，一般包括常規品牌維繫與品牌危機處理。

1 · 產品保證

產品是品牌的基礎。良好的飯店品牌在維繫其市場地位時，必須從市場需求出發，始終如一地提供高品質的產品、良好的有形展示和優質的服務。飯店必須時刻保持對目標市場需求變化的高度敏感，在飯店產品的設計和更新方面積極響應市場的變化，保證飯店提供的產品既能在功能上滿足顧客的核心利益、為顧客帶來更多的附加利益，還要在服務上超越顧客的需求和期望，以增強品牌競爭力，維繫品牌地位。

2 · 品質管理

品質是品牌維繫的根基。飯店要維持其品牌地位，必須在品質上兌現品牌傳達給顧客的承諾。飯店要建立先進的品質管理體系，運用系統的理論和方法來研究和處理品質問題，強調全員參與品質管理。

3 · 廣告宣傳

「水能載舟，亦能覆舟」，廣告宣傳的選擇對於企業品牌經營的成敗起著巨大的作用。有效的廣告創意、合理的實施計畫，能夠不斷重複品牌在消費者心中的印象，引導消費者在品牌選擇中建立品牌偏好，逐步形成品牌忠誠。飯店在廣告宣傳中要針對目標市場的特點，不斷強化品牌形象、彰顯品牌個性。

4 · 品牌危機的防範與處理

品牌危機是指由於始料不及的企業內、外部突發原因造成的對

品牌形象嚴重損害和品牌價值的降低，以及由此導致的使企業在經營管理中陷入困難和危險的狀態。飯店產品在很大程度上是情感消費品，面對消費心理千變萬化、難以思索的顧客，飯店更要注意品牌危機的防範，要使全體員工樹立危機意識，設立應付危機的責任機構，建立危機預警系統。出現品牌危機時，要迅速彌補顧客損失，表現飯店對顧客負責的態度，主動與新聞界溝通，控制和消除危機事件的負面影響。同時，要盡快查清事實，公布造成危機的原因，以事實為突破口從而找到轉機。

（二）飯店品牌的保護

品牌保護，實質上就是對品牌所包含的知識產權進行保護，即對品牌的商標、專利、商業秘密、域名等知識產權進行保護。

1．商標權的保護

商標權是商標使用人對其商標依法享有的權利。商標權包括商標的獨占使用權、續展權、禁用權、轉讓權和使用許可權等，其中獨占使用權是核心權能。商標經註冊後，商標權擁有者對其註冊的商標享有所有權，即享有排他的支配權，可以被繼承、轉讓、獨占使用，可以質押或許可他人使用，並透過商標權的利用獲得利益。

（1）飯店商標註冊。為了更好地保護自身品牌，以及適應品牌發展的需要，飯店在進行品牌商標註冊時，應該堅持以下幾個基本原則：一是先期註冊原則，即在飯店籌建期間或新產品生產前就應申請註冊。因為中國商標註冊採用先申請原則，這要求品牌所有人應提前註冊商標，以免耗費大量的資源對飯店進行營銷宣傳後，卻落得為他人做嫁衣的後果。二是寬類別註冊原則，即飯店在申請註冊時，不應僅在某一類或某一種商品上註冊，而應同時在很多類商品上註冊。一方面有利於防止競爭者使用與自己商標相同的商標生產經營其他類別的商品，引起消費者誤會，影響飯店的品牌形

象；另一方面，原註冊類別過窄，會使品牌延伸受到很大限制。三是防禦註冊原則，即在同一商標申請時註冊除正商標以外的多個近似商標（又稱「聯合註冊」），防止他人利用自己的商標，規避法律謀取不正當利益，損害飯店的品牌形象。四是寬地域註冊原則，即商標註冊的地域要廣，不能僅僅在某一個國家或某一個地區註冊，而應同時在多個國家或地區註冊。品牌的市場占有與拓展能力是品牌價值的重要體現，打入並占領國際市場是品牌成功的標誌之一。但商標權具有地域性，即商標專用權僅受註冊國或註冊地區的法律保護。因此，如果品牌想實施國際策略，寬地域註冊商標是不可或缺的程序。

（2）珍惜商標權。飯店依法取得商標專用權後，還要注意：第一，註冊商標具有時間性，僅在法定的續存期內有效，受法律保護，一旦有效期屆滿，就會喪失商標權，不再受法律保護。因此，飯店應在商標有效期滿前進行續展。第二，定期查閱商標公告，及時提出異議。

商標公告是商標註冊的必經程序，也是飯店進行權利救濟的一個途徑。飯店應定期查閱商標公告，一旦發現有侵權行為，就應及時提出異議，收集異議的證據，最大限度地保護自己的合法權益。第三，當商標權轉移或變更商標時，要登記註冊。第四，飯店在轉制時，也會遇到商標歸屬問題。主要有兩種情況。一種是在飯店轉制時，無視註冊商標的價值，不將其作為企業資產參與轉制，不進行量化評估和作價，造成資產流失。另一種情況是飯店在轉制合約中未提及註冊商標的歸屬問題，使商標權歸屬含糊不清，產權關係不明晰，造成日後經濟糾紛。

2．專利權的保護

商標、商號、域名是品牌的識別特徵，而專利、商業秘密則是品牌的內質性特徵。專利的魅力在於其經濟價值，國家透過授予一

定時期的壟斷權，讓專利人可以短期內獨霸市場。對於飯店來講，能申請專利的項目不多，但是也應充分認識到申請專利的重要性，在開發新技術、新產品的同時要重視申請專利保護飯店的智力成果。

3．品牌的自我保護

（1）保護商業秘密。商業秘密最顯著的特徵是秘密性和經濟性，保護商業秘密能為其所有者帶來巨大的經濟利益和保持長期的壟斷地位。因此，保護商業秘密是品牌保護的一個重要方面。任何商業秘密的洩露都會對飯店不利，儘管權利人依靠訴訟可能挽回一些損失，但預防重於救濟，飯店應採取有效的措施來保護自己的商業秘密。主要應注意：第一，宣傳要適度，不能自我洩密；第二，內部管理要嚴密，防止洩密。

（2）注重互聯網域名權。域名是互聯網時代一家飯店與外部社會交流的身份證，它不但是飯店的網上名稱、網上商標，也是顧客與飯店雙向交流的高速路入口。註冊域名是飯店進入互聯網世界從而進一步實施電子商務的第一步，一個好的域名能幫助飯店建立良好的品牌形象，在宣傳時造成事半功倍的效果。對於飯店來說，特別是網上預訂中潛在的商業機會，使得互聯網域名權註冊日益重要。

（3）實施服務創新。品牌的美譽度是品牌保持旺盛生命力的關鍵，其核心就是優質的服務，飯店要始終保持優質服務的形象，就必須不斷進行產品和服務的創新。

（三）飯店品牌的延伸

品牌延伸就是企業用一個已有相當知名度的品牌引入新企業或新產品的行為，使新企業開業之初或新產品投放市場伊始即獲得原有品牌優勢的支撐。飯店企業品牌延伸是指飯店在具備一定實力、

條件的情況下利用品牌資產來發展的策略。品牌延伸是飯店企業克隆自身無形資產的過程，是飯店企業用成功品牌的知名度和美譽度進行低成本擴張的有效途徑。但是，品牌延伸也存在著風險，必須遵循一定的準則。

1．有共同的主要成分

消費者在評價延伸產品的過程中，會根據延伸產品與原有品牌所代表的產品之間的關聯程度，作出積極或消極的響應，從而影響其購買選擇。因此，品牌延伸需要考慮延伸產品與原有品牌產品之間是否有共同的主要成分，如產品的相似性或互補性、技術的密切相關、服務系統的相同、目標市場的相同與品牌特性類似等。

2．品牌聯想積極

當延伸產品與品牌產品具有類似功能或特性時，消費者才有可能在品牌與延伸產品之間建立聯想。但是品牌聯想的範圍很廣，可能產生正面的效應，也可能引發負面的效果。只有當顧客把原有品牌的美好聯想轉移到延伸產品上時，才有可能促進他們提高品牌忠誠度與購買延伸產品。

3．品質等級相當

品牌必須是一定品質的代表。名牌要無愧於高品質，就必須保證延伸產品的品質。當然，在品牌延伸時，如果要想使預期顧客保持對原有品牌認知的一貫性，就不要輕易改變產品的原有品質等級。延伸產品的等級與顧客預期一致時，更易獲得顧客對品牌的認同。

4．迴避已高度定位的品牌

一個品牌即使有很好的品牌聲譽，但若已被高度定位，尤其是被認為是一個產品類或產品等級的代表時，那麼就很難延伸到這個

產品類之外。因此，作為產品類的代名詞的產品，或者說已被高度定位的品牌，要想延伸是十分困難的。

案例3-3

杭州最佳西方梅苑旅館的品牌之路

最佳西方梅苑旅館的前身是中國煤礦工人大廈，當時是一個以煤炭系統內部接待為主的招待所。經過15年的發展，透過有效的品牌策略，完成了從招待所到國際品牌旅館的轉變。

一、企業股份制改造，參與市場競爭

為將原來的事業單位轉變為企業單位，納入市場化運作，參與市場競爭，從1993年開始，梅苑進行了企業化股份制改造，真正成為產權明晰、職責明確、與市場接軌的主體，為旅館的改革提供了體制上的保證。同年，煤礦工人大廈更名為梅苑旅館，開始著手塑造本土化的飯店品牌。以煤炭系統內部接待為主的煤礦工人大廈隨著梅苑旅館的更名，市場開始從內部向外部發展，逐漸形成了以接待本土化會議為主的會務型飯店。

二、爭創「精品三星」，提升品牌品質

梅苑旅館的管理層深刻認識到，在市場經濟條件下，要參與競爭並在競爭中站穩腳跟，還必須轉變以往的經營思路和管理理念，實行科學管理，提高企業的知名度和美譽度。1994年，為了盡快與國際先進水平接軌，他們聘請了曾經由國際飯店管理公司管理過的亞洲華園旅館進行顧問管理。此外，在投入資金完善設施設備的同時，根據市場客源情況的轉變，調整和豐富了相應的產品和服務，加強了質檢和培訓，並透過機制的調整，實行了全員勞動合約制、職位（職務）薪資制和幹部聘任制三大制度的改革，大大提高了員工的工作積極性，增加了企業的活力。之後，為了進一步擴大和提升梅苑旅館的知名度，旅館全面實施了創建「精品三星」的工

作，並取得了顯著成效。自1995年以來，梅苑旅館連續四年被評為「浙江省最佳星級飯店」（1999年開始，浙江省不再進行最佳星級飯店的評選）。

三、引進國際品牌，加盟最佳西方

在此後的數年間，梅苑良好的服務和產品，使其在會務市場領域占領了一席之地，在業內也有一定的影響。但是到了上世紀末和本世紀初，一方面，杭城飯店業四星級以上的飯店已超過30家，競爭空前激烈；另一方面，一大批經濟型飯店崛起，數量不下百家，不斷地搶占市場。在這樣的背景下，以會務為主要市場的梅苑旅館的競爭優勢已不復存在。為了提高旅館的市場競爭能力，管理層審時度勢，果斷引進國際品牌，加盟最佳西方。旅館在規劃品牌核心價值時，始終關注國際品牌帶來的潛在的延展性。經過兩年來的磨合，旅館借助最佳西方的國際品牌支持，不斷強化國際品牌飯店的形象，吸引了不少外資、合資企業的外賓散客及歐美團隊的入住，使旅館的國際化商務型飯店氛圍日漸濃郁。同時，旅館還利用最佳西方遍布全球的營銷機構進行市場推廣，尤其是加強了與日本、韓國及中國香港地區最佳西方銷售代表處的聯繫，要求其提供市場推廣協助，逐步提高最佳西方網路及其下屬金皇冠國際俱樂部的運作效果。實踐證明，加盟最佳西方國際品牌，提升了旅館的品牌和市場競爭力，占領了競爭制高點，獲取了更大的社會和經濟效益的回報空間。

四、創評四星飯店，提升品牌品質

如果說加盟最佳西方是邁出了實施品牌策略的一大步，那麼旅館上四星將這一大步邁得更為堅實有力。最佳西方國際品牌不介入旅館日常經營管理的加盟形式，決定了要有與此品牌相適應的內在品質，旅館就必須依靠自身實力的進一步提升。

由三星到四星的提升，不僅要在硬體設施上達到四星標準，也意味著對旅館的軟體建設提出了更高的要求。旅館以內外兼修、標本兼治的工作思路，尊重品牌規則，把品牌作為企業策略判斷的一個基本框架和標準，不斷提升企業內在的品質和水準。

（一）轉變管理理念，提升執行能力

旅館高級管理層以高星級、國際化、商務化為核心理念，在策略層面對管理層進行組織改造和思想改造，在戰術層面對執行層進行觀念轉變和能力提升，以符合高星級飯店運作的需要，滿足越來越激烈的市場競爭的要求。這其中最重要的就是理清了管理中的兩條線。一是以市場營銷部為龍頭的業務線。市場營銷部以市場為導向，對產品設計、產品組合、產品品質起牽引作用，並專門設立大堂副理部對旅館產品品質監控及客戶關係強化起支持作用。二是以行政辦為主，計財部、人力資源部為骨幹的後勤支持線。這些部門要為前臺業務部門造成參謀、服務作用。同時，透過成本分析會、人力資源分析會等形式承擔起監督控制的責任。

透過理順前後臺管理的關係，各執行部門都明確了管理責任，執行力得到有效加強。

（二）實施流程再造，加強軟體建設

為了有效提升旅館的服務和管理水平，旅館一方面對旅館的流程作了進一步梳理，包括制訂職位標準和任職要求，修訂與完善各項規章制度，重新分析服務流程，細化各流程行為之間的銜接，創新設計個性化服務。另一方面，重新確定了組織機構、定員定編，透過展開全員職位競聘，使流程再造有了組織保證。

與此同時，為了把新的流程落到實處，旅館展開了多種形式的培訓活動，如聘請浙江大學旅遊學院的專家授課、組織收看在線企業管理課程、外派骨幹到其他高星級飯店實習考察等。

從而強化了全體員工標準化、國際化、商務化的概念，提高了員工的個性化服務能力。

在軟體建設中，旅館尤其注重人才的引進與培養，加強管理人員梯隊的建設，提倡管理人員年輕化，不斷增強管理隊伍力量，從而建立一支業務全面、訓練有素的員工隊伍。

（三）加強營銷力度，轉型客源市場

高星級飯店，必須有相應的客源。為了實現高星級、國際品牌的目標，旅館重新進行市場定位，制訂了以散客為主、會議為輔、團隊為補充，由會議型飯店轉型為商務散客型飯店的市場轉型目標。

首先，旅館調整、充實營銷隊伍，從高星級飯店引進具有豐富實戰經驗的營銷總監，更新拓展高星級目標市場的營銷思路和方法，並從大專院校招收應屆畢業生，加強人員結構的調整和營銷隊伍的建設。其次是細分散客客源市場，重點對上海、杭州的合資、外資企業進行促銷，簽訂散客協議；加強與各訂房中心合作，引導散客透過預訂入住；並透過完善客史檔案，注重散客維護。透過努力，散客銷售卓有成效。目前，散客協議單位已達到1000家以上，散客入住房間基本保持在120間/天左右，比2004年初增加了50間/天，其中80%以上透過預訂入住；並與各航空公司、外企或機建構立合作關係，入住外賓數量增幅明顯，占住宿總人數的25%以上。最後是對會議市場進行細分，透過有計畫、有步驟地提升房價，以中高等級商務會議作為主要目標市場促銷，逐步退出低端會議市場。同時，切實強化公關在營銷工作中的重要作用，加強公關宣傳力度，提高社會知名度，推進客源轉型工作。旅館先後組織和參加了浙江省飯店業國際化發展研討會、亞洲小姐中國區選拔賽、數名國際資深鋼琴家鋼琴演奏會、德國攝影家看杭州等活動，並透過全面改版的旅館網站、最佳西方全球網站、e-mail、手機簡訊等

高科技通信方式，傳遞旅館最新資訊與營銷動態，擴大影響，樹立良好的市場形象。旅館營銷真正做到了市場定位明確，市場目標鎖定，實行公關為先導，銷售為目的的營銷策略。

　　實踐證明，引進國際品牌，爭創高星級飯店，全面改善軟硬體條件，以及合理的市場定位和市場轉型，帶來了良好的效益。

第四章飯店競爭策略選擇

導讀

競爭策略的實質是回答如何「做強」的問題，即在特定業務領域內構造競爭優勢、獲得競爭成功的策略。飯店競爭優勢，實際上就是飯店以自身的資源或組織能力（活動）為基礎，能夠提供被顧客認可的產品與服務，並比競爭對手更能創造顧客所需價值。這就離不開飯店正確的競爭理念、競爭地位和競爭方略。本章第一節主要分析競爭的要素、功能及飯店的競爭理念。第二節主要論述飯店市場競爭地位的選擇。第三節則主要闡述成本領先、差異化和集中化等飯店基本的競爭策略。

第一節飯店競爭理念

一、市場競爭要素

市場競爭是指經濟主體在市場上為實現自身的經濟利益和既定目標而不斷進行的角逐過程。

它一般由以下要素構成：

（一）競爭主體

競爭的主體即競爭的參與者。要形成競爭，必須有兩個以上的競爭參與者。對飯店企業而言，主要存在三種競爭，一是飯店企業之間的競爭，主要表現為爭奪有限的資源（人、財、物等）和消費者。二是飯店企業與供應商之間的競爭，主要表現為討價還價。三是飯店企業與消費者之間的競爭，同樣表現為討價還價。當然，從

市場競爭的角度，還存在消費者之間的競爭和供應商之間的競爭，前者主要表現為爭奪各自需要的飯店產品，後者主要表現為爭奪各自需要的飯店。市場競爭的形式是由市場的供需關係決定的。當市場供大於求時，飯店企業之間的競爭就會異常激烈，當然供應商之間的激烈競爭也不可避免；在市場供不應求的情況下，消費者之間爭奪有限飯店服務商品的競爭將成為競爭的主流，另一方面，飯店之間為爭奪有限的物質資源也必然打得不可開交；在市場供需相對平衡的情況下，市場競爭形式非常複雜，存在多種關係的競爭。

（二）競爭客體

競爭客體即競爭目標。這裡的目標是指滿足競爭者自身「生存」與「發展」需要的「利益」和資源。在競爭中，競爭參與者之間是相互對立、互相制約的，即一方的經濟利益和資源擁有越多，另一方就越少。

（三）競爭空間

競爭空間即競爭場。競爭場有大與小、開放與封閉、有序與無序之分。

市場是買賣雙方進行交換的場所。

飯店的競爭場就是飯店市場。對於飯店的經營者而言，飯店市場特指飯店服務產品的現存和潛在的購買者。根據市場的不同狀況，可以分為：

（1）潛在市場。這種市場主要有兩種情況：一是對飯店服務產品有消費慾望，但是目前還沒有消費的實力；二是有消費的實力，但沒有消費的慾望。

（2）可獲得市場。即對飯店服務產品有興趣，也有購買能力的顧客。

（3）目標市場。即最有潛力且飯店最有能力獲得的顧客。

（4）已滲透市場。即飯店已進入經營的那部分目標市場。

掌握不同的市場及它們之間的關係，具有兩方面的意義：一是可以準確地衡量與預測不同市場的需求量規模；二是可以制訂適當的擴大市場占有率的營銷策略。

（四）競爭策略

競爭策略即競爭者針對競爭中可能出現的各種情況制訂的相應的對策和決策。飯店的競爭策略，總體上可分為價格競爭策略與非價格競爭策略。

價格競爭。是指飯店為了實現一定的經營目標或經營策略，適應市場環境的變化，把產品價格調整到正常定價水平以下或以上，以排斥競爭對手、贏得市場的一種競爭策略。在許多情況下可能導致飯店必須考慮降低產品的價格。例如，接待能力過剩，這意味著飯店必須增加銷售量。當飯店無法經過促銷努力、產品改良等辦法達到目的時，就有可能採取降低產品價格的辦法來保持或增加市場占有率。又如，由於競爭對手的侵入，飯店的市場占有率明顯下降，再如，飯店想以降低成本來主宰市場時，都有可能採取降價的辦法來爭取市場占有率的擴大。但價格競爭畢竟是一個較原始的辦法，如果單純地採用價格競爭會帶來很大的風險性。

非價格競爭。是指在商品競爭中，飯店為了實現一定的經營目標或經營策略，適應市場環境的變化，運用價格以外的其他營銷手段，來贏得市場的一種競爭策略。由價格競爭走向非價格競爭已成為市場競爭的一般趨勢。但這並不是說價格無足輕重，在差異化產品市場的一定範圍也要承認價格差別的作用。如果超過這個限度出現明顯的廉價產品，大部分消費者可能捨棄差異而選擇廉價產品。所以，明智的飯店經營者必須時時注意儘量降低生產銷售的成本，

才能經得起價格變化的考驗。

在以上要素中，競爭者是策略的制訂者，是競爭的核心；競爭目標源於競爭者的需要，是競爭者的對象；競爭場為競爭者提供活動的場所、範圍，它源於競爭者的活動；競爭策略則是競爭者為了達到競爭目標運用的手段和工具，是競爭的表現形式。

二、市場競爭的功能

從市場競爭的功能來看，可分為有效競爭和無效競爭。有效競爭是一種有序、公平、適度的競爭，是一種按照一定規則，在公平合理、機會均等的原則下，具有良好的動機，運用正當的競爭手段，達到經營管理最高效力的競爭；而無效競爭則是一種無秩序、不公平、不適度的惡性競爭。有效競爭的功能主要表現為：

（一）適應與協調功能

市場經濟的本質特徵是透過市場價格與競爭機制調控經濟主體的分散經濟活動和整個經濟運行過程。在市場經濟條件下，各飯店的經營決策是透過市場價格與競爭機制的作用相互協調為一體的。市場價格信號的變化反映了市場供需的狀況，處於競爭之中的飯店或其他經濟主體出於追求自身經濟利益的動力和競爭的壓力，必然會對市場價格信號的變化作出相應的反應，合理安排和調整自己的業務經營活動，以適應市場供需的變化。市場競爭的這種功能，一方面對新進入的飯店具有一種導向作用；另一方面對已有飯店的業務經營具有調節作用。

（二）刺激與創新功能

競爭是競爭參與者之間在內有動力、外有壓力的情況下持續不斷的市場較量過程。每一家飯店要創造競爭優勢，獲得一份超過競爭對手的優先利潤，就必須不斷地尋找和利用不為其他飯店所熟知的市場機會，不斷探索和發現新的經營方式和新的服務方式，不斷

創造和開發新的產品和管理方式。正是這種優先利潤的經濟刺激和其他競爭對手的威脅，促使各家飯店必須按照市場經濟規則行事，從而促進了整個飯店業的進步與發展。

（三）分配與監督功能

按經濟主體和生產要素的市場貢獻和效率進行收入分配，同等的貢獻和效率應獲得同等的報酬，即按效率分配，這是市場經濟的一個基本原則。而實現該原則的一個重要前提條件是各飯店必須處於公平的競爭態勢之中，使具有平均效率的飯店獲得正常標準的報酬，使具有高效率的飯店獲得超額利潤，而使長期低於平均效率的飯店淘汰出局，從而實現飯店各類經濟資源有效合理的配置。同時，競爭的這種分配功能也對各家飯店形成了監督，它制止了非效率收入的形成。

三、飯店競爭理念

飯店競爭優勢的建構，首先取決於飯店的競爭理念，即飯店對競爭實質、規則及競爭優勢的認知。根據中國飯店的實際，確立以下競爭理念，尤為重要。

（一）憂患優勢理念

「商場如戰場」，人們經常這樣形容市場競爭，誤認為競爭是一場你死我亡的戰鬥。由此，一些飯店企業就認為要想在競爭中占據主動，就必須打敗競爭對手，因而飯店的競爭策略往往圍繞如何打敗對手而制訂，導致了價格大戰、不正當的競爭手段和方式以及過度競爭的出現。其實，這些認識是非常片面的。競爭本來的意思是「一起賽跑」，也就是說市場是賽場而不是戰場，而競爭是比賽而不是戰爭，其追求的目標是更強、更優、更快、更高。在此，最佳的選擇不限於唯一的一個，如同任何國際比賽一樣，不僅可參與的比賽項目眾多，而且每位選手均可根據自己的特長和實力選擇適

合自己發揮水平的項目。因此，正確的競爭理念應理解為胸懷危機感，創造新優勢。中國古代的思想家孟子說：「生於憂患，死於安樂。」

飯店企業在參與市場競爭中必須具有憂患意識和優勢意識，飯店經營猶如逆水行舟，不進則退，飯店企業只有不滿足於已有的成績，苦練內功，不斷創新，不斷進取，創造特色，營造競爭優勢，才能實現飯店企業的可持續發展。

眾所周知，在市場經濟的條件下，只要有利可圖，永遠不可能沒有競爭對手，而且飯店業更是如此。因為飯店業不像工廠、商店那樣容易轉產，其本身的建築結構、功能布局的特殊性決定了服務功能的相對穩定性。所以，當一家飯店由於競爭者的強烈攻擊無法生存時，一般不會改變其飯店的功能，而只能換一個更強的業主或經營者，以獲得企業的競爭優勢。不僅如此，面對勢均力敵的競爭，傳統的競爭力量已不能確保獲勝，沒有任何一家飯店企業擁有競爭勝利所需的全部資源，因此，為了持久的生存發展，對抗競爭開始向合作競爭發展。優勝劣汰的競爭法則，只是告訴飯店企業要想掌握競爭的主動權，就必須比別人做得更優、更好。

（二）顧客價值理念

飯店競爭優勢的市場表現主要反映在顧客的價值創造上。所以，要想建構競爭優勢，就必須研究顧客價值。

1．顧客價值的含義

顧客價值實際上就是顧客感知價值。澤瑟摩爾（Zaithaml）根據顧客調查總結出感知價值的四種含義：

（1）價值就是低廉的價格。（2）價值就是顧客期望從產品中所獲取的東西。（3）價值就是顧客付錢買回的品質。（4）價值就是顧客全部付出所能得到的全部。飯店顧客價值，就是顧客在

住宿期間對飯店所提供的、滿足其需求的產品和服務感知利得和感知利失之間的權衡。感知利得是顧客使用了飯店提供的產品、體驗了飯店服務後，對其所獲得利益的整體性評估；感知利失是顧客為獲得相應利益所付出的價格、精力、時間等成本。顧客價值的評價有很大程度的主觀成分。由於不同顧客具有不同的價值觀念、需求、偏好和財務資源，而這些資源顯然影響著顧客的感知價值，所以不同的顧客對同一產品或服務的感知利得或感知利失的評價與權衡是不同的。不僅如此，同一顧客在不同時間的期望價值也會不同。顧客在購買階段的初始動機、購買使用之後的價值標準，以及長期使用後的價值評價，都有可能存在重大差異。

2.顧客價值驅動因素

飯店顧客價值驅動因素大體可以分為地理位置、有形產品、無形服務、飯店品牌形象和物有所值五大類。

（1）地理位置。由於飯店產品的不可移動性，顧客必須身臨其境來完成與飯店之間的交易，因此，便利的地理位置是飯店獲取競爭優勢的一個源泉，是十分重要的飯店顧客價值感知因子。

（2）有形產品。飯店產品由有形產品和無形服務組成。有形產品起著服務銷售的載體作用，服務透過有形產品得到充分的發揮。因此飯店的有形資產以及飯店設施營造的環境也是飯店顧客感知的非常重要的一方面。

（3）無形服務。顧客可以從服務項目、服務態度、服務方式、服務時機、服務效率、服務技能等方面來評價飯店服務的供給，這些都是十分重要的價值感知因子。顧客傾向於從員工的服務來推測飯店整體的服務品質。

（4）品牌形象。飯店品牌也日益成為重要的驅動顧客價值的因素。因為顧客在購買飯店服務以前，無法判斷飯店的服務品質。

為了減少購買風險，顧客根據自己熟悉的、有信譽的品牌來選擇飯店。品牌此時就是飯店服務品質的標準，是顧客較為依賴的購買因素。

（5）物有所值。要使顧客感到「物有所值」，才能驅動顧客價值的形成。因此飯店產品價格必須是與價值相符的，同時也是顧客能夠接受的。另外，良好的分銷體系，飯店提供的常客服務項目、折扣和廣告活動等對驅動顧客作出購買決定造成重要的促進作用。這些活動可以進一步加強飯店與顧客之間的資訊溝通和情感互動，有助於雙方建立良好的關係，飯店則可透過持久、穩定的關係來為顧客創造價值。

3．顧客價值創造

認識顧客價值是為了創造顧客價值。飯店顧客價值創造，必須堅持以顧客價值最大化為基本目標，以顧客價值創新為基本手段，不斷地提供滿足顧客需求與偏好的新的產品或服務價值。

價值創新要求為顧客提供非凡的價值，又要求降低飯店企業的成本。飯店企業可以從兩種途徑進行顧客價值創新：一是基於產品或服務功能的顧客價值創新，它包括漸進式的價值創新和跳躍式的價值創新；二是基於改變提供產品或服務的業務活動方式的顧客價值創新，這種創新不同於技術創新和產品創新，它是透過改變現有市場規則，提高企業運作效率，方便顧客快捷購買等，為顧客提供更多的顧客價值。

實施價值創新，關鍵要敢於打破行業慣例，去發現全新的能給顧客帶來價值的源泉，在完全不同的細分市場上提供產品與服務。如法國雅高飯店為了在低檔飯店中獲得競爭優勢，經過研究，決定打破行業慣例，降低或者取消顧客認為不重要的設施與服務，如，取消了高消費餐廳和休息室；縮小房間面積，只提供簡單的家具等。同時提高或增加顧客看重的設施與服務，如，提高床的舒適程

度、房間的衛生和安靜程度，從而創造了新的價值曲線。

這樣做的結果給雅高帶來了相當大的成本優勢，節省的成本使雅高得以改善顧客最看重的服務，使其遠遠超過法國一般二星級旅館水平，但其價格僅比一星級旅館略高一些。

（三）創造品牌理念

飯店業的競爭可以分為三個層次：第一個層次的競爭是價格競爭，這是最原始、最殘酷的競爭，其危害性也最大。如果單純地採用價格競爭可能會帶來以下弊端：一是低品質陷阱。消費者可能會認為低價格的品質要比高價格的品質差。同時，由於低價格產生低效益，可能導致服務品質下降的狀況。二是脆弱的市場占有率陷阱。採用低價格或許可暫時取得市場占有率，但卻無法獲得市場的忠誠度。因為一旦有更低價格的飯店出現，消費者就會立刻「另嫁」他人。三是高財務風險的陷阱。低層次的價格競爭有可能導致應收帳款的增加和壞帳損失的提高。第二個層次的競爭是品質競爭，這是比較理性的競爭。第三個層次的競爭是品牌競爭，這是最高層次的競爭，也是國際飯店業的發展趨勢。綜觀國外一些著名飯店集團，都有明確的目標市場，具有鮮明的經營管理特色，如 Shangrila Hotels & Resorts（香格里拉國際飯店管理集團）以慇勤好客著稱，Ritz-Carlton（麗思卡爾頓）以全面品質管理聞名世界，Club Mediterranee SA（地中海俱樂部）是渡假者的天堂等。實踐告訴我們，價格競爭雖然簡單，但絕非競爭之上策，而且是要有一定條件的。

一家飯店要想建構持續的競爭優勢，必須苦練內功，致力於飯店的品牌建設。

創造品牌要以顧客的滿意度、忠誠度和飯店的知名度、名譽度為核心，透過顧客滿意的最大化來實現市場份額的最大化。飯店的豪華、舒適、安全會使顧客倍感親切，有賓至如歸的感覺；獨特的

設計以及友好、熱情的服務，會帶給顧客難忘的經歷，吸引更多的回頭客；高品質的服務，會明顯區別於競爭對手，培養顧客的忠誠度。有品質才有品牌，但凡成功的品牌，無不將品質建設視為重要。

　　（四）創造市場理念

　　一家飯店要求得生存，首先必須去適應和占領現有的市場，而一家飯店要求得發展，則必須去創造新的市場。因為現有市場的爭奪，僅是瓜分蛋糕，而不是製作蛋糕，蛋糕再大，光吃不做，也會坐吃山空。所以，只有不斷引導消費，創造新的市場，製作新的蛋糕，才能創造新的市場機遇，飯店企業也才能確立真正的優勢而不斷發展。由穩固和擴大市場份額，注重適應目前環境變化而不斷重組飯店企業的競爭，向預見未來，先行投入，創造需求，開拓全新產業，占據未來市場領先地位的競爭，標誌著競爭將向超越競爭發展。

第二節 飯店競爭地位的選擇

　　在一個特定的行業中，企業的競爭地位可以用不同的指標來表示。例如，用相對市場占有率或企業的綜合實力等來表示。根據企業在行業所處的地位，美國著名市場營銷學教授菲利普‧科特勒（Philip Kotler）把它們分成四類，即市場領先者、市場挑戰者、市場追隨者和市場補缺者。

　　一、市場領先者

　　市場領先者是指在相關產品的市場上占有率最高的企業。一般說來，大多數行業都有一家企業被認為是市場領先者，它在價格變動、新產品開發、分銷管道的寬度和促銷力量等方面處於主宰地

位，為同業者所公認。它是市場競爭的先導者，也是其他企業挑戰、效仿或迴避的對象。一旦一個企業成了行業中的領先者，就會堅持它第一的位置，但是很多競爭對手也想成為行業第一，或想從領先者那裡搶奪市場份額，因此，保持第一的位置也許是最大的挑戰。

居於市場領先地位的企業要想繼續保持其市場領先地位，需要從以下兩方面進行努力：

（一）領先企業必須找到擴大總需求的方法

處於統治地位的企業，由於其占有的市場份額大，通常在總市場擴大時得益也最多。為了擴大總市場，市場領先者通常採用以下幾種方法：一是尋找其產品的新客戶。二是尋找產品的新用途。企業可以透過發現和推廣產品的新用途來擴大市場。三是說服消費者在各種場合更多地使用其產品，消費者更多地使用，自然會形成產品銷量的增加，企業擴展市場的目的就能達到。

如果對於服務的總體需求增長了，那麼市場領先者就會從中得到最大的利益。行業領先者可以確認哪些顧客沒有儘可能經常使用其產品或服務，或者根本沒有使用其產品或服務的潛在市場。瑪裏奧特公司，為了增加老顧客的消費份額，在1997年初開設了「瑪裏奧特航程」活動。

參加這個活動的成員，每當他們住在瑪裏奧特的飯店時，都會得到他們所選擇的航空公司500公里的經常飛行優惠。

如何找到並促銷一種新服務的使用方法，在飯店行業也有不少成功的例子。許多處於領先位置的遊船企業將它們的遊船作為企業的會議場地來經營，取得了成功。一些北歐、中歐以滑雪為主題的飯店，傳統上只是夏季或冬季經營，為開拓市場，它們在秋季將這些滑雪等娛樂場所作為會議中心來用，並向會議裡的人進行推銷。

確保客戶經常使用你的服務是一種非常有效的擴大市場規模的方式。很多飯店推行的「常客計畫」就是為了說服賓客在各種場合更多地使用飯店產品或者飯店集團的其他產品。四季飯店集團透過購買Regent國際飯店加強了它作為國際、奢華飯店連鎖的地位。地中海俱樂部透過使巡遊業市場多樣化，來擴大其娛樂渡假的市場份額。

　　（二）領先企業以防禦和進攻策略來保護市場份額

　　市場領先者在努力擴大市場總規模的同時，還必須注意保護自己現有的市場不受侵犯。市場領先者為了保護它的地盤，一般採取兩種防禦措施，一種是靜態防禦，另一種是動態防禦。

　　靜態防禦，又稱陣地防禦。是指市場領先者在企業周圍建造一個牢固的防禦工事，以防止競爭者的侵略。這種防禦是把企業的資源和精力用於建立保護現有產品和現有的經營活動上，因而是一種被動的、靜態的防禦措施，這種防禦措施容易導致失敗。

　　動態防禦，又稱進攻式防禦。這是一種比較積極的防禦措施，是在競爭對手向自己發動進攻前，先向對手發動進攻，使競爭者一直處於防守地位，而自己則從被動變為主動。一個有策略眼光的市場領先者從不滿足於現狀，而是一直成為本行業新產品構思、降低成本、顧客服務、分銷效益等方面的領先者。最好的防禦方法是「防禦」不付諸實踐，市場領先者發出信號，勸告競爭對手不要進攻。

案例4-1

假日以持續變革保護市場份額

　　在競爭者眾多的情況下，市場領先者該怎樣留住他們的客戶呢？最好的辦法是持續的變革，經常增加新的服務，或提高原有服務的品質。假日集團就是這方面的領頭羊。它是「常客計畫」活動

的先鋒，而且還是率先使用飯店電信系統的企業。除了創新以外，經營者還持續地尋求多樣化的機會，認為「將雞蛋放在同一個籃子裡」，是一個危險的策略，並根據不同細分市場的需要，推出不同的品牌。假日集團是不斷尋求變化以保護市場份額的典範。

二、市場挑戰者

市場挑戰者，是指那些積極向行業領先者或者其他競爭者發動進攻來擴大其市場份額的企業。這些企業可以是僅次於領先者的大公司，也可以是那些讓對手看不上眼的小公司。只要是為了擴大市場份額，對市場領先者或其他競爭者發動進攻的企業，都可稱為市場挑戰者。在餐飲行業著名的「漢堡之戰」中，漢堡王、溫蒂和哈迪爾全都在追求麥當勞的市場份額。

（一）確定競爭對手與競爭目標

市場挑戰者在向競爭對手發起進攻之前，通常要確定競爭對手和目標。它所進攻的對手可以是領先者，也可以是其他競爭者。挑戰的目標一般是為了擴大市場份額。市場挑戰者在選擇對手和目標上，需要作一個系統的競爭分析。它必須收集、分析關於競爭者的最新資訊。

（二）選擇攻擊競爭對手的方式

在確定了對手和目標後，市場挑戰者會集中自己的優勢向競爭對手發起攻擊，以達到自己的目標。挑戰者對競爭對手的攻擊主要有兩種方式：

一是直接進攻，即直接地從正面向競爭者發起攻勢。在直接進攻中，市場挑戰者是針對競爭對手的產品、廣告、價格、包裝等發起攻擊，進攻若想成功，挑戰者一般要有超過競爭對手的實力，否則難以成功。這種進攻方式實質上是向競爭者的優勢展開進攻。

二是間接進攻。這種方式是挑戰者避開直接向競爭者居優勢的現行領域進行攻擊，而是繞到競爭者的後方，攻擊競爭者較薄弱而且較容易進入的市場，以擴大自己的資源基礎和市場份額。間接進攻方式有三種方法：經營無關聯產品、用現有產品進入新的地區市場、引入新技術開發換代產品，當換代產品的性能達到或超過現有產品時，挑戰者就有力量向市場領先者發起直接的正面進攻。

三、市場追隨者

市場追隨者，是指那些不願擾亂市場形勢的一般企業。這些企業經營者認為，他們占有的市場份額比領先者低，但自己仍可以盈利，甚至可以獲得更多的收益。他們害怕在混亂的市場競爭中損失更大，他們的目標是盈利而不是市場份額。

實際上，並非所有屈居第二的企業都會向市場領先者進行挑戰，而且市場領先者對爭奪自己市場的挑戰者絕不會置之不理。如果挑戰者的策略是在於降低價格，改進服務或增加產品特性等，那麼市場領先者可以馬上找到對策瓦解挑戰者的攻擊。一場惡戰通常會使雙方兩敗俱傷，這意味著挑戰者進攻前必須三思而行。除非挑戰者能發動一場先發制人的攻擊，例如，以產品有重大創新等方式進行攻擊，否則，市場挑戰者最好是追隨領先者。另外，市場追隨者也必須認識到，產品差異性和形象差異性的機會是很少的，價格敏感性又很高，挑戰難度很大。

為不招致市場領先者的報復，市場追隨者常常效仿市場領先者，為購買者提供類似的服務和產品。在飯店業這種狀況非常普遍。在飯店之間較少有比較性的廣告，大多數飯店在模仿領先者的行為——它們追求相同的目標市場、選擇相同的媒體廣告，或增加類似的服務。這種「我也這樣」在飯店連鎖集團間相當普遍。當領先者成功地首創了一種新的概念，它的大部分競爭對手就加以模仿。假日旅館是第一個引入全套服務概念的飯店，瑪裏奧特、希爾

頓等也隨後採用了這一概念。

市場追隨者通常用三種方式進行追隨：

（1）緊追不捨。追隨者在儘可能多的細分市場和在營銷組合領域中模仿領先者，追隨者往往幾乎以一個市場挑戰者的面目出現，但它如果並不激進地妨礙領先者，它們之間的直接衝突便不會發生。有些市場追隨者在刺激市場方面很少動作，它們只希望在市場領先者開闢的領域中坐享好處。

（2）有距離追隨。市場追隨者僅在主要市場和產品創新、價格水平和分銷上追隨領先者，而在其他方面則同市場領先者保持一段距離。

（3）有選擇追隨。此類企業不完全地追隨市場領先者，而是有選擇地進行追隨。即根據自己的情況在有些方面緊跟領先者，以明顯地獲得好處，而在其他方面又走自己的路。這類企業可能具有完全的創新性，但它們又避免直接地與市場領先者發生對抗。這類企業通常會成長為未來的市場挑戰者。

四、市場補缺者

市場補缺者，是指那些選擇不大可能引起大企業注意的某一部分進行專業化經營的小企業。

這些企業為了避免同大企業發生衝突，往往占據著市場的小角落。它們透過專門的服務，包括對某一類最終使用者的服務，按照顧客的需要，專業化地生產某種有特色的產品，把銷售對象限定在少數或幾個特定的顧客群，如日本的小矮人森林飯店，還有現在流行的青年旅社和老年公寓。

市場補缺者在經營上的特點是：高度集中，不願意樣樣都做；通常享有品質高、價格低的產品或服務；單位產品成本較低；在產品的研究和開發、新產品引進、廣告、促銷和人員開支上花費較

少；優越的售後服務等。

市場補缺者成功與否關鍵在於市場補缺基點的選擇上。這些企業通常尋找一個或多個安全且有利可圖的市場補缺基點。一個理想的市場補缺基點一般有下列特徵：一是該補缺基點有足夠的規模和購買力，企業有利可圖；二是該補缺基點有成長潛力；三是該補缺基點被大企業所忽略或不願意涉足；四是企業有市場需要的技能和資源，可以進行有效服務；五是企業能夠靠已建立的顧客信用，進行自衛來抵制競爭者的攻擊。

市場補缺者承擔的主要風險是選定的市場基點可能會枯竭或受到其他競爭者的攻擊，因此，市場補缺者往往選擇多個補缺基點，作為自己經營的領域，以增加企業的生存機會。

第三節 飯店基本競爭策略

根據麥克‧波特的觀點，基本競爭策略主要有三種類型：成本領先策略、差異化策略與目標集中策略。

一、成本領先策略

（一）成本領先策略的功能

成本領先策略，就是使企業的總成本低於競爭對手的成本，甚至在同行業中處於最低，從而取得競爭優勢的策略方法。成本領先策略強調以很低的單位成本為價格敏感的消費者提供標準化的產品與服務，故這種策略也叫價格競爭策略或低成本競爭策略。

第一，成本領先策略可以幫助飯店低價滲透，迅速占領市場。如果一家飯店能夠取得並保持全面的成本領先地位，那麼，就為其達到價格低於其他同類飯店提供了堅實的基礎，因而也就為該飯店

擴大市場份額，提高市場占有率創造了優勢。

第二，成本領先策略可以幫助飯店獲得超額利潤。如果飯店市場供需相對平衡，某一飯店與其他同類飯店價格相等或接近於同類飯店平均水平，它就會成為所有同類飯店中盈利高於平均水平的超群之輩。同時，良好的經濟效益可以使飯店有能力進一步擴大自己的規模，增加自己的服務項目，從而形成新的成本優勢，實現良性循環。

第三，成本領先策略可以幫助飯店降低經營風險。面對購買者要求降低價格的壓力，以及供應商抬高資源價格時，處於成本優勢地位的飯店往往有更大的討價還價的餘地。

第四，成本領先策略可以幫助飯店減輕競爭壓力。與競爭對手相比，若飯店處在低成本的位置上，則具有在價格競爭中的主動地位，並能在價格戰中保護自己。同時，較低的成本與價格水平，可以防止新進入者侵蝕本飯店的市場份額。

因為較低的成本與價格水平形成了有效的市場進入，對潛在的進入者來講這是必須克服的一種行業進入障礙。

（二）適用的條件

要成功實施這一策略，應該注意其中隱含的許多條件。一是企業所在的市場為完全競爭的市場；二是在顧客心目中，價格差別比產品差別更重要；三是目前飯店之間的產品幾乎是同質的，且大多數顧客的需求相似；四是隨著飯店規模的擴大，服務項目的增加，能有效提高飯店吸引力，可以迅速降低產品平均成本；五是飯店與現實的競爭對手處於同一等級；六是飯店產品需求彈性較大，降低價格能有效刺激需求。

案例4-2

低成本策略為何無法有效實施？

W渡假飯店位於山腳下，這裡山清水秀，沒有工業汙染，空氣清新，水源好，是旅遊渡假的絕佳之處。但該飯店的效益並不理想，客房入住率不高。它的主要客戶群是旅遊團隊客人，市場主要靠旅行社開拓，自身的營銷機構主要承擔聯絡與操作的事情。該飯店提供給旅行社的價格是非常低的，但許多顧客則認為從旅行社得到的價格不算低。該飯店經營者認識到，消費者如果沒有感知到本飯店的價格優勢，就難以改變目前的困境。該飯店的策略意圖為，透過旅行社的管道把飯店推向市場。企業給旅行社提供有競爭力的價格，希望旅行社也能以較低的價格推向消費者，最終使消費者受益，從而擴大知名度與提高入住率，實現低成本擴張策略，但卻沒有得到旅行社的配合。由於該飯店的營銷完全受控於幾個旅行社，且旅行社為了提高自身的效益，給消費者的價格並不優惠，從而導致該飯店無法透過價格優勢實施低成本策略。

（三）潛在的風險

儘管成本領先策略可能給飯店帶來巨大的經營優勢，但它也存在風險。

第一，採用此策略可能會使競爭者倣法，降低了成本領先帶來的優勢，繼而壓低了整個飯店業的盈利水平。

第二，顧客的價格敏感性可能下降，大多數人一般不願意反覆享用缺乏特色的同種產品，轉而尋求更新穎、更高品質的服務。

第三，為使成本最低而進行的投資，可能會使飯店企業侷限於目前的策略計畫中而難以適應外部環境和顧客需求的變化。

（四）實施途徑

一般而言，成本領先可以透過以下途徑獲得：從事產品生產或

者服務的企業，透過在上游市場獲得質優價廉的資源（原材料或半成品）；在生產或服務過程中透過有效的成本控制等手段，儘可能地降低資源轉化成本；在下游市場的產品或者服務的銷售過程中儘可能地減少推銷成本和擴大銷售規模，使自己的產品或服務的總成本達到最低，從而保證在適度的利潤目標下，使自己的產品或服務在下游市場上價格最低；採用「價格戰」方式，以價格上的競爭優勢擊敗競爭對手，占據較多的市場份額。由此可見，飯店企業實施成本領先策略，應該在以下幾個方面作出努力。

1·策略目標——全行業的成本領先優勢

飯店成本領先策略的指導思想是：要在較長時期內保持本飯店成本處於同行業中的領先水平，並按照這一目標採取一系列措施，從而使本飯店獲得同行業平均水平以上的利潤。飯店成本領先策略的目標就是使飯店的產品或服務在廣泛的經營範圍內以成本的優勢與別的飯店競爭。

2·核心保障——價值鏈的整體成本優勢

低成本策略要求飯店企業向顧客提供的最終產品或服務的總成本最低，而不是在價值鏈條的某些環節最低。因此，飯店企業應該注重規模經濟，在努力發揮經驗曲線效應的基礎上降低成本，並關注相關成本與管理費用的控制。透過瞭解自身在產品或服務成本總額與結構上的差異情況，明確自己在成本上是否可與競爭對手相匹敵，以及如何才能保持長期成本優勢，並應根據成本鏈條上的薄弱環節，採取前向一體化、後向一體化、節約成本、改進技術等措施。充分關注與本飯店產品或服務有關的上下游市場乃至同行業競爭者的成本變化態勢，與各相關者建立並保持密切和良好的關係。

（1）促進縱向橫向一體化。縱向一體化，就是飯店企業主要透過併購或策略聯盟的方式，獲得對材料供應商的所有權或控制，

儘可能多地獲得價廉質優的資源。同時，要注意儘可能減少採購環節，降低採購成本。其目的是要消除其上游企業利用其資產的專用性敲竹槓的機會主義行為，從而節約交易成本和生產成本。橫向一體化，就是飯店企業主要透過併購等方式，獲得競爭對手企業的所有權或控制。其目的是擴大企業的生產規模，獲規模經濟之利，並且增加市場控制權。同時，也是為了克服市場進入壁壘，避免飯店新產品開發的成本和風險，加快市場進入的速度，增加飯店產品的多樣化，獲取被併購企業的策略性資源。

（2）推進策略性合作。這是飯店企業出於某種策略意圖的考慮而同其他企業進行某種形式的合作。其目的是和其他企業共同分攤某種具有明顯的其他生產者受益的經濟活動的成本。同時，策略性合作也可以實現飯店企業間策略資源的互補，降低競爭強度，對競爭環境的變化作出敏捷的反應，減少不確定性，實現飯店產品和服務的多樣化和企業間，更好地服務顧客。

（3）實施全面成本管理。對此，飯店應特別注意以下四個方面：

第一是成本籌劃，就是在市場調查研究的基礎上，確定消費者看重的飯店產品的特性和可以實現飯店目標利潤的目標成本，然後逐步設計、開發並推廣符合消費者需要的產品與服務。其核心是把成本控制從飯店產品生產轉移到飯店產品的設計階段。

第二是管理設計，即對飯店的管理要素進行科學的整合，降低管理成本，如組織架構重構，就是飯店企業透過剝離，減少員工或部門的數量，透過過程創新和再設計，減少飯店企業的等級層次，最終降低飯店企業成本。

第三是標準化，即透過採用標準化、現代化的生產設備和標準化作業程序等，保證飯店業務活動的正常運行和服務品質的穩定，並減少人員，提高勞動生產率。對於飯店集團而言，提高飯店管理

的複製能力，獲得經驗曲線效應，顯得尤為重要。

第四是成本控制，就是按照成本費用管理制度和預算的要求，對飯店成本費用進行預測、決策、預算、核算、監督、考核、分析等工作。飯店成本控制的方法主要有預算控制、制度控制、標準成本控制和指標控制。

預算控制，就是以預算指標作為控制成本費用支出的依據，透過分析對比，找出差異，採取相應的改進措施，來保證成本預算的實現。為了與現行的會計核算制度相銜接，更好地實現預算控制，必須對預算期進行更細的劃分，按不同飯店經營項目，預算營業成本和營業費用。制度控制，就是根據國家及飯店內部各項成本費用管理制度來控制成本費用開支。成本費用控制制度中應包括相應的獎懲制度規定，對於努力降低成本費用有顯著效果的要予以重獎，對成本控制不力造成超支的要給以懲罰。只有這樣才能真正調動員工節約成本、降低消耗的積極性。標準成本控制，就是以各營業項目的單位成本消耗定額為依據，來對實際成本進行控制。採用標準成本控制，可將成本標準分為用量標準和價格標準，以便分清成本控制工作的責任。由於用量原因導致實際成本與標準成本產生差異，應主要從操作環節查找原因；由於價格原因導致實際成本與標準成本產生差異，則應主要從採購環節查找原因。指標控制，就是利用飯店經營的各項指標，如營業收入、營業成本、營業費用等之間存在的內在聯繫來檢查成本支出是否按計畫進行，從而達到控制成本的目的。指標控制主要透過對毛利率、費用率、收入利潤率等指標的控制加以實現。以上幾種成本費用控制方法可以互相補充，一同使用，它們分別從不同角度對成本進行控制，從而形成完善的成本控制方法體系。

3．成功關鍵——成本優勢表現為價格優勢

雖然成本領先策略並不等同於「最低價格策略」，但必須讓顧

客認識到，在提供同類服務產品的飯店企業中，本飯店的價格具有非常明顯的優勢。低成本只不過描述了企業提供產品或服務的成本態勢，而沒有涉及相應的關於提升顧客價值的對策。飯店的成本優勢必須表現為顧客的成本優勢，否則就無法改變顧客認知而成為市場優勢。因為顧客在與飯店的交換過程中，同樣存在著成本，主要表現為：①貨幣成本。即顧客為了滿足需求、得到利益所耗費的貨幣價值。

②時間成本。即顧客在得到和消費服務過程中所花費的時間價值。③體力成本。即顧客在等待和使用服務中的體力支出。④精神成本。即顧客購買和消費服務過程中所付出的精神代價。比如，由於飯店某個環節上的不周或員工態度的冷漠，以致顧客產生煩惱。因此，飯店必須深入瞭解顧客的認知價格結構，不能僅根據表象去降低或提高價格。

二、差異化策略

當企業之間的產品或服務成本愈來愈接近的情況下，市場競爭的重點就在於差異化。

（一）差異化策略的功能

差異化策略是一種標新立異的策略，指導思想是企業採用區別於競爭者的方式，在顧客廣泛重視的某些方面，力求獨樹一幟，使得同行業的其他企業一時難以與之競爭，其替代品也很難在這個特定的領域與之抗衡。通常，一個能夠取得或者保持差異化形象的企業，如果其產品的溢價超過因差異化而發生的額外成本，就會獲得出色的業績。

實施差異化策略可以有效防禦來自各方面的競爭壓力，使自己獲得市場競爭的主動權。

其意義主要體現在以下方面：

（1）顧客對符合自己偏好的產品會形成一種忠誠心理，這種心理會有效地降低顧客對價格的敏感性，從而在激烈的競爭中形成「隔離帶」，有效分解競爭對手的價格壓力，跳出惡性競爭的漩渦。

（2）顧客對飯店產品差別的忠誠，還會形成堅強的市場進入壁壘，從而有效阻止新飯店的進入。

（3）差異化能縮小購買者的選擇範圍，這樣就削弱了購買者討價還價的能力。差別越明顯，飯店的討價還價能力就越強。

（4）成功的差異化策略能使飯店以更高的價格出售其產品或服務，所帶來的較高收益可以用於支付供應商較高的特殊原材料要價。對於少數特殊資源，由於價格昂貴，購買者數量較少，容易形成飯店的購買優勢與服務優勢。

（5）在與替代品的較量中，有差別與特色的產品無疑會比其他競爭者的產品更有競爭力，取得更加有利的位置。

（二）適用的條件

差異化策略固然作用明顯，但它的實施是有條件的。具體而言，飯店差異化策略的適用條件如下：

（1）飯店對其消費者行為有深層次的把握，瞭解不同消費者最需要什麼，並能進行針對性的提供與改進，使之既符合消費者需求又與競爭者相區別。

（2）飯店的差異化能最大限度地吸引更多的消費者，獲得飯店規模經濟，彌補差異化所帶來的成本。不能被顧客認同的差異化是毫無意義的，同樣，顧客無法接受的產品特色也不能認為是特色。一般來說，顧客對商品的選擇主要考慮兩點：一是顧客從商品中獲得的收益；二是顧客為獲得商品而支付的成本。因此，飯店要獲得差異化優勢，必須從顧客認知的角度，增加其對企業產品或服

務差異化價值的感知，即在保持顧客消費成本不變的前提下，增加顧客感知到的差異化利益。

（3）差異化要有一定的知識技術含量，並有相關的法律制度使本飯店創造的獨特優勢不被模仿或侵權。

（4）差異化策略的實現要求飯店企業必須進行持續的顧客價值創新，使顧客感受到企業致力於以更好的方式、更好的產品、更好的服務為他們創造價值。這就需要有創造型人才做後盾，經營者有一流的洞察力、強烈的開拓創新意識和精神，能對前景看好的差異化的飯店產品與服務進行持續的支持，以形成名牌，產生名牌效應，最終獲得競爭優勢。

（三）潛在的風險

採用差異化經營策略同樣會讓飯店面臨風險，有時甚至比低成本策略的風險更大。

（1）要想真正弄清自己的優勢之所在和真正抓住目標顧客群的真正需求，從而創造性地將本身的優勢與目標顧客群的真正需求結合起來，並不是一件容易的事。

（2）飯店產品的差異化來源於飯店的創新，而創新是需要付出代價的，但競爭對手則可能會以很低的代價來模仿這些差異化特徵。當許多飯店的產品都開始擁有某種特色時，這種特色就變成了一般性能。

案例4-3

「自助火鍋宴」好景不長

某飯店挖掘市場空缺，認真分析需求動態，精心策劃並推出了「自助火鍋宴」這一活動，生意火暴，但好景不長，其他飯店、酒家一哄而上，爭相模仿，短時間內就出現了許多家火鍋城、火鍋

店。於是，該飯店的火鍋宴日漸清淡，不再有任何優勢，只能勉強收回初始的投資及廣告費用。因此，要使差異化策略成功，產品的差異特徵必須是最有價值的特色，即屬於那些很難被模仿的特色。

（3）飯店為使產品具有特色所進行的投資會導致成本的增加，引起價格上升，從而使顧客轉向低成本的競爭對手。雖然顧客願意為有差異的產品和服務付出一定的費用，但對於消費者來說，要對飯店產品的品質作出評估難度較大，要從產品的差異來感受飯店的特色也並不容易。因此，有時飯店產品的某些特殊差異，在市場細分不夠的情況下會受到挫折。在這種情況下，低成本策略可能就會戰勝特色經營策略。產品品質與產品差別能否降低消費者對價格的敏感，使他們支付更多的費用來享受這種服務差別，至少目前在中國，仍然還是一個謎。

（4）顧客的需求發生改變，不再需要飯店企業提供的差異化產品或服務；或競爭對手開發出更具差異化的產品或服務，導致飯店企業原有的消費者投向競爭者的懷抱。顧客對飯店企業差異化優勢的認知受到競爭對手所提供的差異因素的影響，如果競爭對手透過產品、服務、營銷創新等手段讓顧客感覺到「你的特色更符合我的訴求」，那麼原有顧客中的大部分就會「見異思遷」。

（四）飯店差異化策略的實施途徑

飯店差異化策略實施的關鍵在於提供與競爭對手不同的差異化產品。飯店產品是組合產品，即飯店的經營者憑藉著物質、非物質的產品向賓客提供的服務的總和。客人在飯店的花費不像購買彩電、冰箱那樣購得具體的物質產品，而是在飯店下榻期間得到的一組綜合產品，包括：物質產品部分（客人實際消耗的物質產品，如食品、飲料）；感官享受部分（透過視、聽、觸、嗅覺對設備家具、環境氣氛、服務技術、服務品質的體驗）；心理感受部分（客人對產品在心理上的感覺，從而引起的舒適程度和滿意程度）。客

人對飯店產品品質的評價，實質上就是對上述三部分的綜合評價。

飯店產品的差異化，就是根據目標市場上潛在消費者對於某種產品屬性的偏好程度，確定飯店產品的特點、功能、品質、營銷組合方法，形成與眾不同的差異和特色，提高產品的不可比性，從而創造市場。

1．有形產品的差異化

這一層面包含顧客在服務消費過程中所能看到的有形設施和使用的具體物品的差異化，如飯店的建築形狀、內部裝飾、各種服務設施和各種客用品等。

2．無形服務差異化

標準化的服務使顧客得到可以期望的服務，但是差異化的服務對顧客意味著超值的服務和更加不容易忘記的服務。這個超值的和不容易忘記的服務可能帶來的就是更大的市場。標準化是差異化的前提，差異化是標準化的進化。

飯店服務差異化的最高境界是定製化服務。其特徵主要表現為以下幾個方面：

（1）定製化服務是一種個性化的服務。在標準化服務年代，應該說飯店在制訂服務規範和標準時，其起點也是從客人的需求出發的，但是這種需求往往是客人一般的、共同的和靜態的需求。而客人的需求是多種多樣、瞬息萬變的，它具有多樣性、多變性、突發性的特點。所以，以標準化為基礎的服務往往很難真正令客人滿意。定製化服務模式要求飯店從業人員既要掌握客人共性的、基本的、靜態的和顯性的需求，又要分析研究客人的個性的、特殊的、動態的和隱性的需求。它強調一對一的針對性服務，提倡「特別的愛獻給特別的您」。同時，它注重服務過程中的靈活性，強調因時制宜。標準化的服務結果是可以預見的，只有提供個性化的服務，

做到客人認為是分外的不可能的事，才會讓他們在滿意的同時，獲得一份驚喜。

（2）定製化服務是一種人性化的服務。在標準化服務模式指導下，飯店強調的是規範化，服務人員使用規範化的語言和動作為客人服務，服務人員往往將對客人服務視作是一種任務，較少顧及客人的反應及對客人的影響，所以，往往使客人感受到的是一種嚴格按程序設定的機器人似的工作，使人受之乏味，很難領略到人際交往中的那份親情和真摯。同時，也缺少了一種自然、自由、寬鬆的氛圍。而定製化服務的核心是人性化，強調的是用心為客人服務，要求充分理解客人的心態，細心觀察客人的舉動，耐心傾聽客人的要求，真心提供真誠的服務，注意服務過程中的情感交流，使客人感到服務人員的每一個微笑，每一次問候，每一次服務都是發自肺腑的，真正體現出一種獨特的人文關懷。

案例4-4

杭州陽光休閒山莊的人性化服務

開元旅遊集團屬下的杭州陽光休閒山莊有一位叫M的整房員。一天，他進入客房準備清掃客房，發現桌上還放著剩菜和剩飯，看上去只吃過一點。客人是不要了，還是因為他有急事要辦而未能吃完，等一下再來吃？如還要，那麼飯菜不久就會涼掉，況且這樣放著也不衛生。於是M就給客人留下一張紙條：「尊敬的王先生，我是客房服務員M，在為您整理房間時，發現放在桌上的飯菜，我想您可能沒用完，所以我把它存放在餐廳裡，您若需要，請您致電客房服務中心，我們將再加熱後及時送上。」半個多小時後，客房服務中心接到了王先生的電話。

（3）定製化服務是一種極致化的服務。在服務的結果上，標準化服務強調的是規範，即是否達到了標準。而定製化服務強調的

是使客人滿意，即客人是否感受到物質上的舒適和精神上的舒心。所以定製化服務是以提高客人的滿意程度為基本準則，追求的是極致的效果。因此，它要求飯店從業人員在對客服務中，必須發揚「金鑰匙」用心極致的服務精神，做到盡心精心。所謂盡心，就是要求竭盡全力，盡自己所能。所謂精心，就是要求超前思維，一絲不苟，精益求精，追求盡善盡美。

案例4-5

泰國東方飯店的服務差異化策略

企業家余先生到泰國出差，第二次下榻東方飯店。次日早上，余先生走出房門準備去餐廳，樓層服務生恭敬地問道：「余先生，您是去用早餐嗎？」余先生很奇怪，反問：「你怎麼知道我姓余？」服務生回答：「我們飯店規定，要熟記所有客人的姓名。」余先生愉快地乘電梯下至餐廳所在樓層，剛出電梯，餐廳服務生忙迎上前：「余先生，裡面請。」余先生十分疑惑，又問道：「你怎麼知道我姓余？」服務生微笑答道：「我剛接到樓層服務生電話，說您已經下樓了。」余先生走進餐廳，服務小姐慇勤地問：「余先生還要老位子嗎？」余先生的驚詫再度升級，心中暗忖：「上一次在這裡吃飯已經是一年前的事了，難道這裡的服務小姐依然記得？」服務小姐主動解釋：「我剛剛查過記錄，您去年6月9日在靠近第二個窗口的位子上用過早餐。」余先生聽後有些激動了，忙說：「老位子！對，老位子！」於是服務小姐接著問：「老菜單？一個三明治，一杯咖啡，一個雞蛋？」此時，余先生已經極為感動了，「老菜單，就要老菜單！」給余先生上菜時，服務生每次回話都退後兩步，以免自己說話時唾沫不小心飛濺到客人的食物上。此後三年多，余先生因業務調整沒再去泰國，可是在余先生生日的那天，突然收到了一封東方飯店發來的生日賀卡：親愛的余先生，您已經三年沒有來過我們這裡了，我們全體人員都非常想念您，希

望能再次見到您。今天是您的生日，祝您生日愉快。

3.營銷策略差異化

飯店營銷策略差異化是指採取有別於其他飯店的營銷方式方法。現代飯店營銷策略差異化必須借助整合營銷思想，進行全面營銷創新。伴隨資訊技術的革命，傳統的4P營銷組合，即產品、價格、促銷和管道，經過幾十年的演變，現已發展成為整合營銷的4C組合，即客戶、成本、便利和溝通。

（1）營銷策略差異化之一：顧客確定而非飯店確定飯店產品。整合營銷傳播與傳統營銷溝通企劃模式最大的不同在於，整合營銷傳播是將整個企劃的焦點置於消費者、潛在的消費者身上，而不是放在公司的目標營業額或目標利潤上，這就要求飯店應在充分掌握第一手資料的基礎上，深入地分析目標客戶群的真實需要，對於重點客戶還應建立現有客戶和潛在客戶的資料庫，為重點客戶儘可能地提供個性化的專業服務。如某飯店以顧客需要為標準，點菜時問顧客喜歡吃什麼，對菜的做法有什麼要求，而不侷限於菜單的品種，然後再由服務員通報廚師去做，甚至可以由顧客指點廚師如何去做，真正體現由客戶確定產品。

（2）營銷策略差異化之二：以消費者願意付出的「成本」代替價格策略。消費者對價格的反應往往是感性的、非理性的，經常受到相對價格、需求的迫切度等因素的影響。之所以目前很多飯店陷入價格戰的泥潭，就在於未能真正瞭解消費者的需求，未能真正瞭解不同消費者的消費需求的構成，一味認為價格是消費者最主要關心的問題，並據此來制訂競爭策略。

其實大謬不然。

案例4-6

瀛州大酒樓顧客定價策略——公布成本與進價

杭州湖濱路上的瀛州大酒樓被人們稱為「君子飯店」。在這裡用餐的顧客可以自己定價，全然不必擔心被「斬」的風險。真正做到了「吃得放心，走得開心」。「君子飯店」的具體做法是：先將所有菜餚的進貨價向進店顧客公開，顧客一進門，便可看見一份「菜餚進價目錄」，所列價格與市價相當；顧客進餐後自己定價付錢。顧客自定價與瀛州大酒樓內部掌握的原定價之間有可能出現三種情況：①顧客定價與酒樓的原定價相當，那麼就按顧客定價收款；②顧客定價高於定價的，一律按原定價收，高出部分「堅決退還」。③顧客定價低於原定價的，也按顧客定價收取。因此，顧客可以自己定價，有相當大的主動性，同時又不必擔心由顧客自定價是個什麼「陷阱」。你定高了，酒樓堅決退還，顧客既不會吃虧，又可享受自己定價的新奇樂趣，很受顧客歡迎。

　　（3）營銷策略差異化之三：以便利性取代管道策略。目前，購買的方便性已成為企業，尤其是服務行業經營致勝的一大法寶，伴隨而來的就是電子商務的興起。任何企業在考慮其策略時，都不能忽視數字化資訊技術的發展，網路正改變顧客、供應商以及公司之間相互作用的方式，從而給企業帶來了巨大的機會和挑戰。我們在飯店服務中應充分運用資訊化技術帶來的便利，運用電腦資訊系統，在客房預訂服務中，力爭做到「鼠標輕點，剩下由我們解決」，在日常飯店服務中，透過運用電腦資訊系統，提高服務效率，為住客提供及時、高效的優質服務。

　　（4）營銷策略差異化之四：以溝通取代促銷。隨著社會的不斷發展進步，人們需求結構中感情需求所占的比重愈來愈大，物質產品亦出現了人性化的趨勢。在具有生產與消費同時性特點的飯店服務業，溝通則愈顯重要。良好的溝通不僅可以提高服務品質，增加服務附加值，同時還可以更好地瞭解消費者的第一手資料，為制訂正確的經營決策創造條件。溝通要真正落到實處。如有的飯店推出「禮節性電話問候」，前臺人員在客人住宿不久就給客人打去電

話問候，詢問客人對房間是否滿意，並鼓勵客人一旦需要什麼就給他們打電話。如上海有一家餐廳，服務員多為35歲左右的當地下崗女工，她們熟悉當地社會環境，思想成熟，善解人意，又具備家庭主婦的當家意識，在對客服務中，她們或是為客人盤算實惠的菜點，或是與客人聊上幾句家常，沒有主客之間的明顯界限，客人進店宛若到家，這種真實的而不是口號式的「賓至如歸」，取得了成功。

案例4-7

廣州大廈的差異化策略

廣州大廈的前身是廣州市人民政府的接待基地——榕園大廈。為了適應改革中的廣州市政府對接待基地的需求，廣州市政府辦公廳於1993年在榕園大廈的基礎上按四星級標準建成了現在的廣州大廈，並於1997年9月28日開業。

廣州大廈在起步之初聘請了飯店管理公司進行管理，管理公司將大廈定位為商務飯店，擬仿照商務飯店的經營管理模式立足市場。由於市場定位的不準確和經濟大氣候的影響，大廈的經營一直難以打開局面。新的領導層上任後，對飯店進行了重新定位，提出了創立全國「首家公務飯店」的策略思想，由此廣州大廈實現了從商務飯店向公務飯店的轉型。

（一）充分發揮自身優勢，塑造獨特的品牌認知與形象

廣州大廈確立以全國首家公務飯店為自己的品牌形象。這一形象的釋義為：以公務客戶、公務活動為主要目標市場，以規範化的飯店服務為基礎，以鮮明的公務接待為特色。

首先，創新品牌標誌，增強品牌識別。廣州大廈在國內樹立首家公務飯店的品牌形象以來，根據廣州大廈源於政府、承擔政府接待工作的職能，把自己定位為廣州市改革開放的一個「窗口」，廣

交中外朋友的一座「橋樑」，選取了曾為廣州市花的紅棉花作為大廈的標誌，借助廣州的內涵和品牌形象來設計品牌標誌。

其次，為公務飯店的品牌注入親和力。廣州大廈以「我在廣州有個家」為宣傳口號，並以實際行動為客人營造家的感覺，既親和了異鄉客人，又獲得了廣州本地人的認同。

最後，廣州大廈將公務飯店的品牌形象建設融入企業文化之中，提倡從個人形象做起，攜手共塑品牌形象。在廣州大廈的文化中有這嘛一條：要求每一個廣州大廈人像追求個人事業那樣追求大廈的事業，像維護個人利益那樣維護大廈的利益，像珍惜個人榮譽那樣珍惜大廈的榮譽。

（二）積極參與公務活動，強化差異化品牌形象

廣州大廈定位為公務飯店，這就決定了大廈必須主動參與各類公務活動，同時強化與政府部門的長期溝通和合作。

首先，必須創造出一套適合公務活動的服務模式，並為公務活動營造最佳的環境和氣氛，讓公務客人樂於到大廈來組織活動。1999年9月，廣東省五套領導團隊成員在廣州大廈召開現場辦公會。會後，廣州大廈推出精心製作的公務套餐，在5分鐘內把近二百份套餐全部送到客人手上，有效地節約了就餐時間，受到省、市長「出品好、服務好、節奏快」的好評。

其次，要把公務活動當作大廈自己的活動來組織。一年來，廣州大廈憑藉自己公務飯店的身份及與政府各職能部門的良好關係，積極參與公務活動的組織和策劃，並主動提供迎送、導遊等一系列在大廈區域外的服務，縮短了大廈與主辦單位之間的距離，使主辦單位與大廈真正成了一家人。

第三，爭取大型公務活動和外事接待活動是廣州大廈營銷中的一個重大策略。透過努力，一年來，大廈分別接待了省和市人大代

表大會、國際龍舟賽、廣州地鐵開通儀式等多項國內國際大型活動，透過這些高規格的大型活動，把大廈的品牌形象傳遞到國內外，有效地宣傳了大廈公務飯店的品牌形象。

（三）利用各種途徑，實施有效的品牌傳播

1．在服務中傳播，在傳播中營銷

廣州大廈創建公務飯店品牌形象的一年來，沒有投放太多的資金在大眾傳播媒介上做宣傳，而是把傳播形象的工作與日常的服務工作融合在一起，在服務中傳播。廣州大廈人認為，品質和信譽是最有效的營銷，與其將大量的資金投入到大眾媒介，不如全力為客人營造「家」

的感覺，透過客人的口碑相傳達到宣傳的目的。為此，廣州大廈將有限的資金投入技術改造，投入培訓，逐步形成安全、優質、快捷的服務規範，並將這種服務特色推而廣之，在大廈推行「顧客完全滿意」的概念，像接待政務、公務活動一樣接待好每一項商務活動，像接待市長一樣接待好每一位客人，努力提升公務飯店品牌形象。

同時，廣州大廈十分重視維繫和密切與目標公眾的關係，並採取一系列的措施聯絡客戶，聽取他們的意見。首先，廣州大廈採取了一整套與目標公眾聯繫的措施。大廈的VIP客人在入住時會收到一張歡迎卡，離開大廈回到所在地時還會收到一張問候卡，逢年過節大廈的目標公眾都會收到來自大廈的問候和祝福。廣州大廈還設置了專門的機構，組織專人調查研究顧客心理與需求，進而制訂出相應的服務措施，力求使大廈的服務令每一位客人滿意。

2．改進服務品質，透過口碑傳播提升飯店形象

廣州大廈將為客人提供一流的服務和產品作為塑造顧客品牌忠誠的關鍵，他們提出了「把尊重送到每一位客人心裡」的服務理

念，在全大廈範圍內推行「金鑰匙」服務意識，展開了「想客人之所想，把問題解決在客人提出之前」的超前服務、「關注細節，使服務更到位、更細緻」的細微服務、「貼近客人，用心服務」的情感服務、「客人需要什麼樣的服務，我們就提供什麼樣的服務」的全方位服務等系列活動，讓客人在滿意之中倍感親切。在得到客人肯定和讚許的同時，強化了客人對品牌的認同感，並透過顧客間的口碑傳播，有效地提高了品牌的知名度、美譽度和忠誠度。

3．創新營銷策略，提高品牌忠誠

廣州大廈的市場營銷策略創新以開拓新的市場、創造新的需求、提高顧客對品牌的忠誠度為目標。澈底改變了傳統飯店的營銷方式，制訂了揚長避短、由近及遠的營銷策略，努力做好「三次競爭」（售前服務、售中服務和售後服務的競爭），加強與公務顧客的聯繫，實現了與顧客交互式溝通。在實現大廈與客人「雙贏」的同時，適時地將大廈的理念和形象傳播給客人，為公務飯店的品牌注入了新的內涵，贏得了客人對品牌的忠誠。

4．積極展開多種有效的公關活動

在廣州大廈成功的背後，優秀的公共關係功不可沒。廣州大廈成功公關的秘訣在於講求全方位的公關、全員公關，並努力透過一流的公關塑造一流的品牌，創造一流的效益。

（1）拓展品牌外部環境的形象公關。廣州大廈在實施「首家公務飯店」品牌策略的同時，相繼在《人民日報》、《接待與交際》等媒體上刊登系列報導，與全國同類型接待基地分享經驗，共同開拓公務飯店的市場，為進一步建立銷售網路奠定基礎。

（2）增強品牌競爭力的服務公關。廣州大廈不僅憑藉自己豐富的經驗為客戶策劃、組織活動，而且只要條件允許，大廈公關部的工作人員乃至總經理必定會親自迎接客人。他們不但在現場指

揮、協調工作，而且面對面地與客人溝通、交流，聽取各種意見。這種面對面的溝通往往能收到良好的效果，有些棘手的問題往往就在溝通中解決了，下一輪的公務接待任務也在交流中確定了。

（3）突出品牌個性的特色公關。廣州大廈除了盡一切可能提高自身的服務水準，還想客人之所想，以方便客人為目標，改造或增加服務設施和服務項目。大廈針對女性客人的心理，採用不同的色彩做出了以春、夏、秋、冬四季為主題的女賓房，滿足了女性客人對美的追求；大廈還根據新一代公務員的年齡、層次、工作方式等方面的變化和需要，提供上網、手提電腦以及公務諮詢等系列服務，為公務員在大廈構造了臨時的辦公室，方便了公務所需，為客人營造了家的感覺。

（4）突顯飯店文化的全員公關。廣州大廈在塑造公務飯店品牌形象的過程中形成了以學習和創新為核心的企業文化。這些企業文化的建設工作，提高了大廈的向心力和凝聚力，也成為有效的內部公關。廣州大廈透過對全體員工的公關教育和培訓，增強全員的公關意識，使他們自覺樹立起「大廈形象從我做起」的公關風氣，明白企業的形象、信譽和品牌是相統一的，這種無形資產比有形的資金更為珍貴。

總而言之，廣州大廈的成功得益於正確的差異化定位，更得益於有效的差異化品牌傳播。

三、目標集中策略

如果飯店沒有足夠的規模和實力與對手進行競爭，那麼明智的選擇是採取目標集中策略。

（一）目標集中策略的功能

所謂目標集中策略是指飯店將自己的經營目標集中在特定的細分市場，並且在這一細分市場上建立起自己的產品差別與價格優

勢。因而，也有人稱之為重點市場經營策略或市場聚集策略。飯店實行目標集中策略的依據是：其業務的集中化能夠以更高的效率、更好的效果為某一狹窄的策略對象服務，從而超過在較廣範圍內的競爭對手。所以，該策略的核心是：飯店透過完善適合其目標市場的策略，謀求在它並不擁有全面競爭優勢的目標市場上取得競爭優勢。

案例4-8

先生免進：瑞士的女士旅館

29歲的克萊爾‧喬伊是英國的一名銀行家，她幾乎每個星期都要去一趟瑞士的蘇黎世。她聽說蘇黎世創辦了一家專門招待女性的旅館後，馬上就訂了一個房間。喬伊說，她已經非常討厭走進蘇黎世各家旅館的酒吧了，因為走進那些酒吧，無論是服務員還是陌生人都會問她，「小姐，你等人嗎？」

事實上，這家名為「女士優先」的三星級旅館的目標顧客就是像喬伊這樣的女性高級管理人員。這些事業有成的女性認為，傳統的旅館飯店有時候讓她們覺得很不自在，她們寧願享受客房用餐服務，而不願獨自一人在旅館餐廳裡用餐。

「女士旅館簡直就是我們女人的天堂。」喬伊說，「辛苦勞累了一天，你想要的就是平和與寧靜，但是孤單一人在餐廳就餐可能會是很嚇人的經歷。餐廳裡總是擠滿了男人，服務員給你安排一張桌子，你得面對每一個人，一切都是那麼無遮無攔，暴露無遺，太難受了。」而位於蘇黎世湖附近的女士旅館除了大堂接待區之外，旅館內的任何區域都不準男人進入。旅館的所有工作人員都是女性，因此，客人入住以後可以完全放心，她們在旅館裡絕不會遭遇男人。她們可以穿著晨衣從自己的臥室到樓頂的健美美容中心，隨意到處溜躂。她們也可以充分地放鬆自己，洗洗土耳其浴，蒸蒸桑

拿，或者享受一番中國式按摩的妙處。

據女士旅館的經理耶爾‧施奈德介紹，「女士優先」旅館規模並不大，只有28個房間，是由蘇黎世一個非贏利性的女商人協會創辦的，建造耗資160萬英鎊，於今年1月正式開業。旅館的內部裝修也是由女性室內裝飾設計專家承擔，處處體現為女士服務的宗旨。比如說，浴室設計跟普通的三星級旅館相比要大一些，燈光也好一些。浴室裡備有燈光調解器，但是沒有刮鬍刀插座。

旅館每夜收費120英鎊。客房內的衣櫃是特別設計的，適合於掛裙子之類的衣物。通常在迷你酒吧裡可見的巧克力和花生被瑞士無糖餅乾和亞洲小吃所代替。早餐也是很有節食減肥意識，用義大利「卡普契諾」式早餐代替雞蛋、香腸和糕點之類的食品。

女士旅館開業後頗受歡迎。喬伊打算要成為「女士優先」的常客，不過，她下次去蘇黎世的時候卻沒有辦法住進女士旅館，「我丈夫要跟我一起來，女士旅館不收我了。」

目標集中策略的優點在於飯店能夠控制一定的產品勢力範圍，在此勢力範圍內，其他競爭者不易與之競爭，故其競爭優勢地位較為穩定。具體來說，主要表現在以下方面。

（1）採用目標集中策略可以使飯店有效抵禦來自市場各個方面的壓力與威脅。一是以消費者偏好為基礎所提供的專業化服務可以增加消費者的滿意程度，降低消費者對價格的敏感性。二是這種針對目標市場所設計的專業服務及其經驗會形成有效的進入壁壘，降低了競爭者的威脅。三是專業化分工可以使得服務效率大大提高，成本降低，使飯店獲得較高利潤，在市場競爭中擁有較有利的地位。

（2）目標集中策略可以幫助飯店走上良性運行的軌道。專業化分工帶來的服務特色與效率使飯店可以穩固自己的目標市場，由

此得到飯店經營較為理想的收益；而收益的有保證又為進一步推動飯店產品創新，形成自己經營活動與產品的鮮明特色提供了必要條件，進而實現良性循環，不斷發展。

（二）適用的條件

與上述兩種策略一樣，飯店實施目標集中策略同樣需要具備一定的條件，飯店企業有必要綜合考究目標集中策略的得失與條件，做到以飯店競爭優勢為核心，對目標集中策略棄取自如。

（1）飯店業中確有特殊需求的顧客存在，或在某一地區有特殊需求的顧客存在。

（2）沒有其他競爭對手試圖在上述目標細分市場中採取目標集中策略。

（3）飯店經營實力較弱，不足以追求廣泛的市場目標，但在某些特定市場中具有一定的市場吸引力。

（4）飯店有一定的規模，有良好的增長潛力。

（5）飯店產品在各細分市場的規模、成長速度、獲利能力、競爭強度等方面有較大的差別，因而使部分細分市場有一定的吸引力。

（三）潛在的風險

目標集中策略也存在著一定的風險。拿捏不準，可能會導致飯店經營的慘敗。

（1）市場細分使得飯店經營的市場範圍縮小，這就要求飯店透過提高自己在目標市場的份額來增加銷售收入與利潤，針對目標市場設計提供的服務應該能夠有效增加吸引力，目標顧客願意以更高的價格或更多的數量來購買飯店的產品。如果無法做到這點，那麼飯店經營就會面臨較大的風險。

（2）由於市場集中了，飯店的經營好壞直接與自己的目標市場相聯繫，一損俱損，一榮俱榮。這種較緊密的聯繫無疑會增加飯店經營活動的風險，飯店提供的專業化服務增加了其他競爭者替代的難度，但一旦目標市場衰落或消費需求發生改變，本飯店的產品進入其他細分市場的難度也同樣增加了。

（3）競爭者可能在較小的目標市場內分解出更小的市場群，並以此為目標來實施重點集中策略，從而向飯店原有的部分顧客提供更為專業化與針對性的產品和服務，瓜分飯店原有市場。

（4）在飯店產品適用範圍變窄、專業性要求變強時，如何建立有效的與目標市場相聯繫的銷售管道顯得尤為重要。顧客的偏好和需求經常會發生變化，而集中化經營策略則往往缺少隨機應變的能力。如何將飯店產品的資訊有效地傳送給特定的消費者，通常是一件更具挑戰性的任務。

（5）以更寬泛的市場為目標的競爭者突然發現飯店企業的細分市場非常具有吸引力，於是把原有市場進一步細分，並針對該細分市場模仿飯店企業的現有競爭策略或提供更具特色的產品或服務。

（四）目標集中策略的實施途徑

飯店實施目標集中策略，必須要堅持「有所為，有所不為」的原則，懂得「有所得，必有所失」的道理，透過比較優勢分析，清楚自身的優勢和不足，採取「揚長避短」、「在夾縫中求生存求發展」的策略，合理地選擇企業所期望的目標市場，在自己有相對優勢的市場領域謀求發展。

1．飯店市場細分

飯店市場細分是將一個錯綜複雜的飯店異質市場劃分成若干個具有相同需求的亞市場，從而確定飯店目標市場的活動過程。進行

市場細分，必須找到科學的細分標準。飯店市場由於受年齡、性別、收入、文化程度、地理環境、心理諸因素影響，不同的消費者通常有不同的慾望和需要，因而有不同的購買習慣和行為。此外，旅遊者在購買飯店產品時其購買形式也存在差異。正因為這樣，飯店可以按照這些因素把整個市場劃分為若干個不同的市場部分或亞市場，這些因素就稱為細分標準，由這些因素所決定的顧客差異是飯店市場細分的基礎。飯店市場細分的標準很多，結合消費者市場細分所依據的變量。

2．目標市場選擇

市場細分揭示了企業所面臨的各種可供選擇的細分市場。飯店需要對各個細分進行評估，決定把哪個細分市場作為目標市場。飯店在選擇細分市場時，必須考慮以下四個要素：

（1）可衡量性。細分市場的規格和購買力能夠衡量測定。

（2）可達性。該細分市場的消費者有能力購買本飯店的服務產品，而飯店也有能力適應細分市場消費者的需要。飯店以各種市場營銷手段，能夠吸引的細分市場。也就是說，本飯店能進入市場並占有一定的市場份額。飯店應善於發現市場的「空白點」，儘可能選擇競爭者最薄弱的、忽視的且不易受模仿與替代攻擊的目標市場。

（3）規模性。一個細分市場應具有一定的規模，也就是說該細分市場有足夠的潛力使飯店值得開發和經營，能夠為飯店帶來可觀的營業收入和利潤。

（4）持久性。該細分市場能持續較長時間，具有較強的生命力，而不是曇花一現。

3．市場定位

艾‧裏斯（Al Ries）和傑克‧勞特勞（Jack Trout）在《定位》一書中指出，定位的目標是使某一品牌、公司或產品在顧客心目中獲得一個據點，一個認定的區域位置，或者在預期顧客的頭腦裡占有一席之地。

飯店的市場定位必須向自己特定的目標顧客傳遞，如果定位與傳遞的資訊不符，那麼定位就是一股逆火，會招致相反的結果。具體來說，實施目標集中策略的飯店的市場定位，必須注意以下幾點：

（1）飯店設施的針對性。實施目標集中策略的飯店，其所有的設施與功能設計都應該是基於特定目標顧客需求和愛好的。比如客房，可稱是客人的「家外之家」，住飯店從本質上講就是住客房。一般而言，飯店客房設施設備應該功能齊全，使用方便，布局合理，環境優雅，色調宜人，安靜舒適，潔淨安全。客房的服務應該物美價廉，及時周到；安全衛生，舒適方便；熱情誠懇，禮貌尊重；親切友好，諒解安慰。但是，作為採取目標集中策略的飯店，其客房定位必須因自己的目標客人而定，如老年客房、青年夫妻客房、新婚客房、單身女性客房、休閒渡假客房、商務客房等。

（2）利益訴求的專一性。實施目標集中策略的飯店，其利益訴求必須滿足特定目標顧客的欲求，具有專一、獨特性。如名為「愛侶」的一個Caribbean娛樂中心，在廣告中宣稱其「專門為夫妻情侶準備」；Premier巡遊公司在它的「紅色大船」廣告中強調它與迪士尼緊密聯繫，並且主要針對帶孩子的家庭。又如，日本小矮人森林飯店宣稱的托嬰、照顧兒童服務。這種定位能吸引一大批消費者，滿足他們的特定需求。地中海俱樂部在1993年對主要顧客進行了調查，發現顧客對地中海俱樂部的感知是：

它適合於單身貴族和年輕人，參加活動是被迫的，並且地中海俱樂部的村莊被限定了範圍，顧客不能獨自在鄉村中探險。據此，

地中海俱樂部改變了它的市場營銷策略，進行重新定位，建立「小俱樂部」和「孩子俱樂部」，打出「租一個村莊」的廣告旗幟，挖掘了大量家庭式顧客和企業團體，樹立了嶄新而獨特的形象定位。

（3）服務標準的專門化。實施目標集中策略的飯店，其服務標準必須為特定目標顧客的需求而設計。飯店要透過自己的專門化、個性化服務策略，使目標顧客對飯店產生忠誠感。

（4）營銷活動的主題性。當今的世界是豐富多彩的，各個地方都有其獨具個性的人文景觀或歷史遺產，這是一個非常值得挖掘的文化寶庫。無論何種文化定位都要選擇一個主題，在此主題下營造相應的環境和程式，烘托出一種氣氛和情調，從而產生吸引力和新鮮感，以此吸引特定的目標顧客群體。主題可以選自小說、電影、名人或某個學科等領域，五花八門，無所不可。在某一主題之下，裝修、用具、服裝及背景音樂應與之相適應，其間還可以穿插配合小場景助興。對飯店而言，一個時間、一個地點、一種思想狀態，都可以演變為一種細節豐富、值得回味的主題文化。如20世紀30年代的舊上海、好萊塢的默片時代、中美洲的熱帶雨林、披頭四的搖滾樂，這些特定的時間概念、地點概念、人物概念，誕生了世界上著名的黃浦江風情主題飯店、好萊塢星球餐廳、熱帶雨林餐廳、硬石飯店等。當然，飯店的主題文化活動必須根據特定目標顧客群體的價值取向、消費傾向來設計和組織。

案例4-9

凱悅飯店集團的市場細分與定位

以「典雅與豪華完美結合的飯店建築」為特色的凱悅飯店集團，根據服務對象的不同，開發了不同的品牌。由於每種品牌都有不同的建築風格和設施標準，因此，飯店在設計前就已明確類別，目的是吸引不同目標市場的消費者。

凱悅麗晶飯店（Hyatt Regency Hotel）——有古典式，也有現代派的，均十分豪華，屬20世紀70年代和80年代的風格，一般位於主要和中等商業城市，接待對象以商務旅行者為主。為了方便商務遊客，提供以下幾個方面的特殊服務：麗晶俱樂部（Regency Club）、金護照方案（Gold Passport）、商務中心（Business Centre）和主動關懷計畫（The New Customer CareInitiative）。

　　凱悅公園飯店（Park Hyatt Hotel）——較小型的豪華飯店，它的目標客源市場是那些追求個性化服務和歐洲典雅風格的散客。凱悅公園飯店都擁有優越的地理位置，要嘛高聳於市中心，顧客可以在頂層俯視整個城市的美景，要嘛位於著名的街道旁邊，與街邊勝景相互輝映。

　　凱悅大飯店（Grand Hyatt Hotel）——這類飯店中不存在代為管理的形式，凡是打出「Grand Hyatt Hotel」牌子的凱悅飯店必定是集團自家擁有的財產。凱悅大飯店乃是20世紀90年代的流派，它已考慮到當代旅遊者的各種複雜和高級的需要。它們都建於主要入境口岸城市或世界上著名的旅遊勝地的最佳地段。凱悅自豪地稱之為「超時代的設計」。主要提供高水平的個性化服務，舒適和顧客滿意是其宗旨。這類飯店的客源市場是全方位的，包括當地市場。

　　同時，它的目標指向未來，帶有「超前豪華享受」的味道。

第五章飯店員工的心態管理

導讀

　　心態是人的思維方式與相應的處事態度，是影響行為的一個重要因素。心態要素包括了三個層次的心理活動：認知層面上的理念、心境層面上的激情、行為層面上的態度。這三個要素是步步為營、不斷昇華的連續過程。心態要素對於飯店策略的執行極為重要，可以說是飯店在策略執行過程中貫徹始終的一個心理導向，這個心理導向有可能是消極的，也有可能是積極的。

　　因此，就飯店管理者而言，在實施飯店的策略時，首要的問題就是要在調整好自身心態的基礎上，努力瞭解、掌握、有效控制和調動員工的「心態要素」，使員工的心態得以良性循環發展，從而推進飯店策略的有效實施。本章第一節主要闡述飯店理念體系的構成、功能及設計原則。第二節主要分析飯店員工積極情感的意義、來源及激發的措施。第三節主要提出飯店員工積極態度的表現、來源和培育要點。

第一節 理念要素

　　心態要素的起點是認知。不同的認知產生不同的情感，不同的情感產生不同的態度。而認知從某種意義上說，是人的一種理念。所謂理念，是指理性化的感覺、印象、念頭，是有條理的知識系統，是可以用來指導行為的有規律可循的觀念。

　　也可以說，它是企業從事經營活動、解決各種經營問題的指導思想。任何企業都是具有自己獨特理念的生命體，要想在市場上站

穩腳跟、追求永續經營，就需要有深層次的、持久性的理念體系來支撐。

一、理念體系的構成

理念體系，也就是企業的經營管理哲學，是企業對經營活動本質性的高度概括。它反映了策略決策者的經營意識和價值觀念，是把組織聚合起來的「黏合劑」。IBM前董事長托馬斯‧沃森（Thomas J.Watson）說：「一個偉大的組織能長久生存下來，最主要的條件並非組織結構或形形色色的管理技能，而是我們稱之為信念的那種精神力量，以及這種信念對於組織的感召力……換言之，一個組織與其他組織相比取得何等成就，主要取決於它的基本哲學、精神和內在動力。這些比技術水平、經濟資源、組織結構、革新和選擇時機等重要得多。」飯店的理念體系，主要有以下三部分構成：

（一）價值理念

價值理念，即價值觀，有時也可稱為企業精神。它是企業決策者對企業性質、目標、經營方式的取向所作出的選擇。它一般具有以下特性：

1‧共享性

企業價值觀不是某個人或某個領導的價值觀，而是被企業全體員工或絕大多數員工共同信仰的價值觀。

企業價值觀的共享性，決定了一個企業的基本特徵，形成一種認同感，使得企業員工感到與眾不同。同樣，正是這種共有價值觀，成為企業全體員工——上至高層領導、下至基層員工心中的真理，成為他們判斷是非、決定行為價值取向的準則。因此，共享性是企業價值觀的顯著特點。

2·穩定性

企業價值觀是長期積澱的產物，而不是突然產生的。企業價值觀一旦形成，便成為企業與員工共同信奉的行為準則，長期發揮作用，並成為企業的精神，一代一代延續下去。當然，穩定是相對的，企業價值觀的內容也是不斷完善、充實和提高的。當客觀歷史條件和社會環境發生比較大的變化時，也許某種價值觀的內容和詮釋會出現過時，甚至妨礙企業的發展，那麼，有些內容會加以調整和改變。但是，其基本的思想和準則，即本質的東西是不會改變的。

3·約束性

企業價值觀是企業推崇和信奉的基本行為準則，是企業進行價值評價、決定價值取向的內在依據。對個人來說，企業價值觀是員工行為的準則，是進行價值評價和價值選擇的標準或尺度。企業正是透過自己的價值觀告訴員工什麼是對的，什麼是錯的；什麼是它所提倡的，什麼是它所反對的，並由此來規範和約束企業員工的行為，使其為完成企業的目標共同奮鬥。儘管企業價值觀不像規章制度那樣具有硬性的強制，而是非強制性的軟約束，但由於它是被員工自覺自願接受和遵循的，因此其作用更具有深刻性和持久性。

4·複合性

企業價值觀是多種價值要素整合而成的複合價值觀念體系。飯店企業的業務經營活動作為一種社會活動，它不可避免地要涉及企業內部的諸多關係，如企業與員工的關係、員工與員工的關係，以及企業與企業外部的企業、企業與消費者、企業與國家、企業與社會的關係，這就產生了員工、企業對國家、對社會講責任、講奉獻的價值觀念；員工對企業的責任、義務觀念；企業內部員工之間的和諧、平等、互助的觀念等等。由此可見，企業價值觀是一個由基

本經濟要求、倫理與道德追求、社會奉獻追求、社會歸屬感、成就感、自我實現追求等多個子系統構成的複合價值系統。正是這個複合價值系統，在企業運行過程中起著機制整合的作用，使企業形成合力，促進企業的發展。

案例5-1

遠洲集團的核心價值觀

誠為先：待人處事「誠」字當先，做人不誠，難以立身。

信為基：以信興業，信譽至上，取信於顧客、取信於員工、取信於社會。

人為本：尊重人性，充分理解顧客和員工的需求，為員工提供發展的平臺，為顧客創造快樂的空間。

和為貴：和睦相處，和氣生財，實行和諧管理，營造人和環境。

（二）經營理念

經營理念是飯店在經營活動中，處理外部關係時所持有的價值理念。企業經營理念主要透過企業對市場經濟及市場中各類對象的認識和態度來體現，包括企業處理與顧客、供應商、競爭者等關係的指導思想，它是企業的策略意志和經營「真諦」。根據市場經濟的特性，飯店的經營理念主要表現在以下幾個層面：

1．顧客至上觀念

市場經濟是消費者經濟。飯店的生存和發展離不開消費者，消費者是飯店的「衣食父母」，只有消費者光臨飯店，飯店才會有效益。因此，顧客至上、消費者優先是飯店經營的一個基本理念。

2．市場競爭觀念

市場經濟是自由經濟。在市場經濟條件下，飯店的一切資源配置主要來自市場，飯店的生存和發展基礎來自對市場需求的認識及滿足這種需求的程度，優勝劣汰是市場機制鐵的法則。

所以，胸懷危機，創造優勢的競爭意識是飯店經營的又一基本理念。

3．誠信經營觀念

市場經濟是信譽經濟。市場經濟的基本規律之一是等價交換，顧客購買飯店的某種產品或服務，是出於對這個飯店或這項服務的美好感受，出於某種信任、榮譽、偏好等方面的要求；企業之間的交易，也是出於自願並獲取特定的利益。所以，如果飯店不講信譽或不能達到雙贏，交易活動必然會出現障礙。講誠信、講雙贏，這是市場經濟的客觀要求。

4．合作共贏觀念

市場經濟是雙贏經濟。飯店的經營活動，從某種意義上說，是一種包括供應商、分銷商以及競爭對手在內的系統合作行為。在市場經濟中，競爭是不可避免的。隨著市場的日益成熟，那種「你死我活」式的爭鬥只會帶來兩敗俱傷的結果，並造成忠誠客戶的大量流失。事實上，商場既存在利益分割矛盾，也存在共創市場、做大蛋糕的互惠可能。許多看似競爭對手的飯店，其實正是有較大發展潛力的合作夥伴。面對新世紀，各飯店必須拋棄病態競爭的錯誤做法，而應以「共贏」的思想指導飯店的經營活動。在穩固合作關係的前提下，相互傳遞市場資訊，共同組織和展開一些活動和經營項目，共同抵制一些有礙於企業發展的行為，形成互補互利的共同優勢，從而獲取更為理想的經濟效益。這樣，在合作的基礎上競爭，在競爭的過程中合作，既可促進飯店自身經營水平的提高，也可促進整個飯店業市場的健康發展。

5．立體營銷觀念

飯店的營銷活動是複雜的、立體的，飯店的營銷理論也必須是全方位、多角度、立體化的。

從總體上來說，飯店營銷涉及三個層面，即先進的營銷理念、科學的營銷策略和卓越的營銷策略。在營銷觀念的指導下，根據營銷的基本理論框架，設計出合適的營銷策略方案，並據此採取相應的營銷策略，是飯店立體營銷的根本指導思想。

（三）管理哲學

企業管理哲學，就是企業在處理內部管理的各種關係時所持有的一種價值理念，也就是界定和指導企業在處理管理過程中各種矛盾和關係的理念和準則。

飯店企業的管理哲學，一般應包含以下幾方面：

1．制度管理理念

沒有規矩，不成方圓。要保證飯店企業的正常運行，就必須有明確的規則，以引導、約束和激勵團隊成員的行為，即進行制度化管理。其實質在於以科學的制度規範作為組織合作行為的基本約束機制，依靠外在於個人的、科學合理的理性權威實行管理。

堅持制度管理理念，就是飯店的運行必須以飯店的制度為基本依據和準則，每一個員工均必須自覺遵守飯店的規章制度，若有違反，應自覺接受規則的處罰。

2．團隊合作理念

團隊合作理念，即團隊成員以團隊的利益為目標而相互合作，盡心盡力地發揮作用的意識。

主要包含三個方面：在團隊與其成員之間的關係方面，團隊理

念表現為團隊成員對團隊強烈的歸屬感和一體感；在團隊成員之間，表現為成員間的相互合作及共為一體；在團隊成員對團隊事務的態度上，表現為團隊成員對團隊事務的盡心盡力及全方位的投入。

3．以人為本理念

以人為本理念，就是充分認識人是飯店管理活動的第一要素，使人性得到最完美的發展，並成為飯店人力資源管理的核心。主要包含三個層面：一是企業即人。企業是由人組成的集合體，企業無「人」則「止」。因此，飯店的管理者應把人的因素放在企業的中心位置，把人的因素作為企業最重要的策略資源。二是企業為人。企業的存在和發展的宗旨是為了滿足社會不斷增長的物質和文化生活的需要，同時也是為了提高企業員工的工作和生活品質。三是企業靠人。企業經營管理的主體是全體員工，必須發揮全體員工的智慧。只有每個員工做好本職工作，並關心企業的進步，做到群星燦爛，企業才能持續發展。如果飯店領導者的眼裡只有幾個「明星」，那麼這個飯店就很有可能是一個「流星」企業。

4．全面滿意理念

企業經營過程不是簡單的企業生產產品並與市場進行交換的過程，它還涉及企業所有者、企業員工和顧客這三個與企業直接相關的群體的關係。企業所有者透過投資建立企業，並透過員工的工作從顧客那裡取得收益；員工提供給顧客產品或勞務，為企業取得收益從而獲得相應的報酬；顧客透過為企業提供收益而換取所需的產品。這三個環節環環相扣，缺一不可，任何一方的不滿意都可能導致企業經營陷入困境。全面滿意是面向企業股東、員工和顧客三方利益的管理方式。

二、企業理念的功能

理念決定行動，思路決定出路，先進理念的形成對飯店策略的執行是極為重要的。每個企業的理念不盡相同，但只要企業緊緊抓住自己最為相信並執著追求的東西，就會有所收穫。久居世界500強的沃爾瑪一直遵循著這樣的原則——「我們存在的目的是，向顧客提供物有所值的東西。」就這樣，執著的理念體系像穩固的基石一樣，深埋在組織的土壤之中，為企業永續經營打造了一種引領成員奮發向上的無形力量。所以，正如張瑞敏所言：「要盤活資產，先盤活人；要盤活人，先盤活人的思想和觀念。」

（一）導向功能

一種強有力的企業理念，可以長期引導員工為之奮鬥，這就是理念的導向力。這種理念的導向功能具體表現在兩個方面：一方面是直接引導員工的人格、心理和行為；另一方面是透過員工的整體價值認同來引導員工的觀念與行為。一種良好的企業理念，可以使員工在潛移默化的過程中形成共同的價值觀，並透過企業理念的認同，共同為一個確定的目標去奮鬥。

（二）激勵功能

理念體系既是飯店的經營宗旨、經營方針和價值追求，也是企業員工行為的最高目標和原則。因此，這種理念體系與員工價值追求上的認同，就構成員工心理上的極大滿足和精神激勵，它具有物質激勵無法真正達到的持久性和深刻性。

（三）凝聚功能

理念體系的確定和員工的普遍認同，必然形成一股強有力的向心力和凝聚力。它是企業內部的一種黏合劑，能融合員工的目標、理想、信念、情操和作風，並造就和激發員工的群體意識。理念作為員工的行為目標和價值追求，是員工行為的原動力，因而飯店的理念一旦被員工認同、接受，員工自然就對飯店產生強烈的歸屬

感。

（四）輻射功能

理念體系一旦為廣大員工所認同，就會輻射到飯店運行的全過程，從而使飯店的行為系統和形象表徵系統都得以優化，極大地提升飯店的整體素質。不僅如此，它還會產生巨大的經濟效益和社會效益，向更廣泛的社會領域輻射，變成一筆巨大的社會財富。諸如香格里拉的「慇勤好客亞洲情」、凱悅的「時刻關心您」、麗思卡爾頓的「我們是為女士和紳士提供服務的女士與紳士」等信條，不僅屬於一家飯店、一個集團，而且也是屬於整個服務業的精神財富。正是這種企業理念和精神的強大輻射力，才使這些優秀的飯店集團走向全世界，取得了舉世矚目的成就。

（五）穩定功能

強有力的理念體系，依賴其自身強大的導向力和慣性力，可以保證一個飯店不會因為內外環境的某些變化而使企業方寸大亂，手足無措，從而使飯店具有持續而穩定的發展能力。也就是說，理念體系的穩定力，是透過全體員工對企業經營宗旨、經營方針和價值觀的內化認可而形成，透過自我控制和自我約束來實現的。因此，保持理念體系的連續性，強化理念體系的認同感，是增強企業穩定性的關鍵。

三、理念體系確立的原則

（一）個性化原則

個性化原則是指飯店所設計的理念必須具有與眾不同的特點，從而使自己能在同行業中擁有特色。對任何企業來說，「團結、求實」固然必要，「顧客至上」固然重要，但如果每個飯店都僅僅圍繞這些來確定自身的理念，飯店就無個性可言。理念是指導行為的工具，理念無特色，必然行為無特色，產品無特色，因而也就無形

象、無品牌可言。因此，每個飯店都應該立足於自己的目標市場來確立自己的獨特理念。個性化的服務理念，是區別並戰勝競爭對手的致勝法寶！

案例5-2

您今天對客人微笑了沒有？

希爾頓在確定飯店的整體形象時，認為員工是企業整體中的一分子，顧客對員工印象的好壞會直接反射到對企業整體形象的評價上。而在員工自我形象的塑造中，企業的一貫禮儀又直接影響員工形象的塑造效果。因此，希爾頓飯店總公司董事長唐納‧希爾頓一貫都十分重視企業禮儀並透過禮儀塑造企業形象。為此，他制訂和強化了能最終體現出希爾頓禮儀的措施，即要「微笑服務」，為了能發揮微笑的魅力，他不辭辛苦，奔波於設在世界各地的希爾頓飯店進行視察。由於唐納‧希爾頓對企業禮儀的重視，下屬員工執行得很出色，並形成了自己的傳統和習慣。這也就是希爾頓為什麼每碰到公司員工都要問那句名言：「您今天對客人微笑了沒有？」

（二）社會化原則

理念需要個性化，但必須為社會（尤其是顧客）所認同。因而，任何一個飯店在設計自己的理念體系時，一定要以公眾和消費者的認可與支持為導向，注重對社會公眾意見的收集，關注客源資料的整理與分析，要努力使自己的理念與公眾和顧客的價值觀、道德觀和審美觀等因素相吻合，以得到社會公眾的認同，從而獲取較高的知名度和美譽度。

（三）簡潔性原則

理念體系是企業價值觀的高度概括，其表述的文字必須簡明，內涵必須豐富，並易於記憶和理解。簡潔、清晰、新穎的理念體系將更會深入人心，並有利於員工的有效執行。

案例5-3

湖南長沙華天大飯店的員工行為文化

華天人，立大志，敬事業，勤修身；

恭儉讓，禮智信，善為心，誠為本；

孝父母，愛同仁，客如友，樂助人；

語宜溫，行端正，學不厭，永創新；

嚴為愛，業技精，爭第一，是店魂。

（四）人本化原則

人本化原則也就是以人為中心原則。

堅持人本化原則，就是要把人放在企業的中心地位，使企業員工得到尊重和信任，使企業擁有一種良好的氛圍和環境，最終形成一條令人滿意的價值鏈：滿意的員工造就滿意的顧客，滿意的顧客帶來滿意的效益。

（五）市場化原則

市場運作的成效是驗證企業成敗的最重要標準。因此，理念體系必須體現市場中顧客的需求和競爭的要求，一定要以市場的需求作為飯店理念制訂的導向。對於飯店來說，理念是指導其經營活動的工具，而飯店的一切活動過程既是滿足顧客需求的過程，也是與同業者進行競爭的過程。因而，企業理念必須依賴對市場的瞭解來制訂，並透過理念的確立更好地協助滿足顧客需求過程的完成，同時增強與競爭對手抗衡的能力。

案例5-4

瑪裏奧特飯店經營15條方針

（1）保持身體健康，精神爽朗。

（2）警惕你的習慣，壞習慣會把你毀掉。

（3）每逢難題要祈禱。

（4）專研與恪守專業管理原則，把它們合理地應用到你的飯店。

（5）人是第一位的——包括他們的發展、忠誠、興趣與團隊精神。開發各方面的經營管理人員是你的首要職責。

（6）決策：人生來就是要決策並為之承擔責任，你和經理們的決策權必須嚴格分開，掌握一切情況，然後決策，執行決策要堅定不移。

（7）批評：不要越級或背後批評下屬，但可同他的上司對其能力作公正的評價。要記住，你的批評往往會傳遞到他的耳朵裡，難以保密。

（8）要看到別人的長處並使之發揚光大。

（9）無效率：如果員工工作不能勝任，又無法克服的話，給他找個新的工作或立即辭退，不要等待。

（10）合理安排你的時間：談話要簡短，但要說到點子上去；在工作時要一分鐘有一分鐘的效率，效率高些，工作的時間就會短些。

（11）對他人授權的同時要求他們對結果承擔責任。

（12）對待瑣碎的事：放手讓你的員工去做，節省精力去策劃、思考，和部門的頭兒一起工作，宣傳新思想，不要做別人能替代你做的事。

（13）主意與競爭：主意給生意帶來了活力，瞭解你的競爭

對手在做什麼、準備做什麼；鼓勵管理人員思考改進經營的好方法和好建議，在研究與開發上要捨得花錢，花時間。

（14）不要替員工幹活──要提建議、出主意。

（15）想問題要客觀，保持幽默，使生意對你對他人都充滿樂趣。

第二節 情感要素

彼特‧杜拉克（Peter F.Drucker）曾經說過：「管理的最終目的是為共同利益而充分發揮人的能力。」從心境層面上看，讓員工始終保持工作的激情是每一位管理者所追求的，同時也是企業能否實現其策略目標的重要決定因素。

一、積極情感的意義

員工必須要有激情，才能全身心地投入到工作中去。所謂激情是超乎認知的一種心態要素，是一種強烈情緒的體現和爆發。一旦人的心態從認知上升為激情，就會產生巨大的心理動力。沒有激情就沒有奇蹟！激情是使績效最大化的原動力，是開發潛能的源泉，是產生強大執行力的催生劑。

富有激情的員工能為飯店帶來意想不到的價值，富有激情的團隊與文化是企業最有力的競爭武器之一，也是競爭對手最難抄襲、最難克隆的。

而對日復一日、單調無味的常規工作，飯店員工的熱情可能會漸漸消失。當員工失去可以感染客戶的激情時，工作氣氛沉悶，業績就會下降，人心就開始動搖，這時就談不上為賓客提供優質服務了。所以，飯店要想在競爭中求得生存和發展，就必須做到「攘外

必先安內」，點燃、保持員工的工作激情。而員工的激情就會感染並點燃客戶的購買激情，以此來為飯店到達成功彼岸奠定堅實的基礎。工作激情與我們常講的敬業有些重合之處，但其區別也是明顯的。敬業主要強調一種責任，是一種職業規範，其源頭更多地來自外在，具有很大的被動性，而激情是發自內心的內在驅動力。

二、積極情感的來源

從本質上講，員工的激情是自身品質、精神狀態和對事物認知程度的一種外化表現。有無激情與工作本身無關，關鍵在於個人的工作態度。

把工作僅僅當作謀生手段的人，是一個缺乏激情的人。

一個員工能夠把無聊、乏味工作做出花樣來的話，那麼這個員工就是充滿激情去工作的。人可以透過學會自我激勵、自我肯定，學會自己尋找成就感來實現激情的培養。對於工作的含義，我們可以從英文WORK每個字母的含意中加以認識：

W——Willing（意願）

O——Offer（提供）

R——Resources（資源）

K——Knowledge（知識）

由此可見，我們可以把工作的定義這樣表述：甘願向他人提供資源和知識。當員工意識到自己是在幫助他人時，自我肯定、自我的成就感就找到了，此時的員工也就對工作充滿了激情，那麼做起工作來就會覺得時間過得很快、不易疲勞；樹立投入和產出成正比的信念，從而就能很好發揮主觀能動性、創造力。從個人的自身因素來看，其積極的情感主要來自以下三個方面：

（一）堅定的信念

信念是心態要素昇華後的最高境界，是一種非常堅定且確定的感覺。飯店好比是一張桌子，要想使桌子穩固，就需要桌腿堅固。信念就是桌腿。因而，在實際執行工作的這張桌子上，信念就是支撐飯店每個執行人員的最重要的那條「桌腿」。從信念、思想、決定、行動到結果的執行流程中，信念決定了執行者相信什麼。什麼樣的信念產生什麼樣的工作態度，只有正確的信念，才能導致積極的情感，產生積極的態度，最終形成有效的行動和滿意的結果。因此，信念是激發員工高效工作的最本質、最有效的推動力。全體員工具有與企業文化相匹配的信念，無疑是飯店走向成功的必經途徑。心理學家研究表明：人的行為受信念支配，你想要做出什麼樣的成績，關鍵在於你的信念，所謂信就是人言，人說的話；所謂念就是今天的心。兩個字合起來就是今天我在心裡對自己說的話。若我們的員工在服務過程中心裡老是不停地想，我是為了薪資而工作！很難想像，他會在工作上做出怎樣的成績；相反，若一個人在心底深處總是不停地對自己說「客人的滿意是我最大的收穫」的話，那麼他在服務中就一定能態度熱情，為顧客提供優質服務。飯店員工只有相信自己，並隨時把飯店的理念、文化轉化為自己的行為信念，才能為客人提供最好的服務，使自身的工作獲得客人最大限度的認可。因此，在飯店的全員培訓中，一定要不間斷地採取不同的方式反覆給員工灌輸正確、靈活的服務理念，使每個人都將這種服務理念最終昇華為自己的信念，並以此來指導行動。

此外，從飯店執行者的角度來說，一種「視品質為生命的服務信念」一旦生根於員工心目中的話，飯店的服務品質要達到優質，就顯得輕而易舉了。因此，在認真、主動態度的基礎上，在激情爆發的氛圍中，信念一旦在員工心目中樹立起來，就會對他們的工作造成驚人的效用。戴爾·卡內基（Dale Carnegie）曾說過：人們成功的程度取決於人們信念的程度。在飯店管理中，要樹立一種「只有想不到的，沒有做不到的」的信念，走出「信念障礙」的失

誤。

（二）光明的思維

積極的情感來自光明的思維。所謂光明的思維，就是凡事朝好的、正面、積極方面想的思維方式。如領導讓你去做看起來好像是大材小用的工作，你首先應該從組織是為了培養和考驗你的角度去思考，而不能認為是領導有意和你過不去，或是領導有眼無珠。要有積極的情感，必須先改變認知模式，強化正面暗示。假如，下屬得罪了你，或者上司讓你受了委屈，要調整心態，就必須多想他們的好處，將心比心。面對困境或者挑戰時，我們應多給自己正面的心理暗示。譬如「世上總是好人多」、「好人總會有好報」、「辦法總比困難多」、「三人行必有吾師」、「失敗是成功之母」等。員工要注意自己規劃事業，而不是等著別人來給自己提示；同時要透過不斷地自我充電，來獲得工作中必需的資訊和知識。在工作中不要一味埋怨自己沒有獲得公平的對待，而要透過自身努力，去創造和把握機會，有作為才有地位，有精彩才有喝彩。

當然，我們也可以透過恰當的方式提出自己的需求，來獲得別人的幫助。要想解決現實與希望的距離，除了自身的努力外，說出自己的願望也許比埋怨有效一百倍。

（三）健康的心理

一個人的情感與其個性和心理有直接的關係，健康的心理必然會促使一個人產生積極的情感。

反之亦然。

1．良好的個性

個性是指一個人對現實的穩定態度以及與之相適應的習慣行為方式。良好的個性包括勤奮、樸實、自信而謙虛謹慎、豁達開朗、

待人寬容，具有強烈的責任心、正義感和獻身精神。

2．穩定的情緒

情緒是指人對事物或他人的一種態度的體驗。穩定的情緒包括對事業的熱情，善於控制自己的感情，以及穩定、持久、樂觀等特點。

3．堅強的意志

意志是指人在完成一種有目的的活動時所進行的選擇、決定與執行的心理特點。堅強的意志表現為堅持不懈、百折不撓、堅毅而有恆心，不達目的誓不罷休的精神。

4．廣泛的興趣

興趣是指人積極探究某種事物的認識傾向。廣泛的興趣表現為有強烈的好奇心與旺盛的求知慾，既有廣泛的興趣又有中心的興趣。

三、積極情感的激發

從組織層面來說，激發員工積極情感主要應做好以下五個方面：

（一）寓工作於樂的氣氛

員工的激情，首先來自於快樂的工作。

飯店應該營造一種氛圍，讓所有的成員都能從工作中得到成就感，並享受工作的樂趣。為此，一要透過有效的激勵體系，使每個員工體會到工作不僅僅是謀生的手段，而且也是實現人生價值的途徑，讓工作成為員工的一種自覺自願的行為，即使領導和同事沒有看到，也要努力把事情做好；二要透過有效授權和對員工創新的鼓勵，讓員工把工作當成自己的事業一樣去經營，主宰工作而非讓工

作主宰，繼而使員工對工作產生責任，努力讓每個員工都能從一種更高的視角重新審視自己的工作，共同為一個卓越的目標全力以赴，讓每個人對自己的工作產生熱情及使命感；三要透過非官僚的管理方式，讓員工與管理層能夠彼此合作、互相支持，營造和諧的氛圍，讓員工每天在快樂中工作。麗思卡爾頓飯店之所以有為人稱道的優質服務，讓顧客有賓至如歸的感覺，與每個員工對工作的價值認同是分不開的。每個員工自覺地以紳士、淑女的標準來要求自己，約束自己的行為和看待手中的工作，把工作當作是一個快樂的過程，從而在無形中提升了工作的價值感，也提高了自身服務的水平。

案例5-5

快樂，從一個眼神開始

從來沒想到自己會從事餐飲服務的我，因為種種原因進入了餐飲服務的隊伍中。記起當我最初穿上制服走入餐廳的時候，我的內心充滿氣餒、退縮、不安。自卑的心理、畏縮的行為總是讓我不能很好地工作，更不要說提高業務技能，給客人提供滿意加驚喜的服務了，整日在做好工作與調整不好心態的矛盾中焦慮，我甚至想到了放棄。

當我徬徨無措時，餐飲部經理給我指點了迷津，他說：「要克服這種心理障礙，首先要在自己的服務工作中尋找快樂。」是啊，為什麼不能換個角度去思考，去嘗試一下呢？從此，我變了，變得可以規範地服務了，而讓我真正體會服務樂趣的則是一次宴會中的一個眼神。某晚，我負責為一桌宴會客人服務，這桌請客的主人是經常來的一位老顧客李總，他每次來都是喝啤酒。於是我急忙到吧臺準備了幾瓶啤酒放在包廂內。誰知，被請的客人特別豪爽，非要喝白酒，不醉不歸，這時我突然想起這位李總曾經在酒席上說過，白酒他只能喝46°「口子窖」的，其他白酒一喝就醉。為了能夠既

讓客人盡興，又讓主人滿意，我極力為客人推薦口子窖酒，客人也欣然採納了。這時，我將目光掃向主人，主人會心地笑了，並給我一個讚許的眼神。宴會結束後，主人在領班面前特別誇獎了我一番。從這件事情以後，我從中悟出了許多道理，只要細心地去做事情，用心地去為客人服務，必然會有回報，你也可以從中體會到服務的樂趣。

（二）強烈的歸屬感、使命感

飯店要盡力培養員工對企業的歸屬感。「良禽擇木而棲」，一個「好」飯店，才能留住「好」人才。人們在確立將來事業的目標時，都會捫心自問：「這是不是我最熱愛的專業？」「這是不是我所嚮往的企業？」「這個企業是否值得我為之奮鬥一生？」一般而言，只有對自己選擇的工作充滿激情和想像力，才能對前進中可能出現的各種艱難險阻無所畏懼。只有員工以店為家，才能把最大的激情投入到工作中。譬如，廣州的白天鵝旅館十分重視培養員工的歸屬感，提出了「我愛白天鵝」的口號，努力做到管理人員關心每一位員工，而員工則視旅館為家，透過增強歸屬感來激發員工的工作積極性。

此外，員工長時間地在某一職位工作，很容易成為技術嫻熟的業務骨幹，但日復一日地重複相同而瑣碎的事務，就有一種被掏空了的感覺，這樣就易產生一種無助感，從而導致工作情緒的低落。之所以會出現這種情緒，原因之一是這些員工只知道為工作而工作，而沒有明白自己工作的真正價值，在工作中缺乏一種使命感。因此，我們只有讓每位員工都明確了自己要實現的價值，才能使員工在個人工作中產生前進的動力。一旦員工在工作中樹立起使命感，他就會主動地為自己出點兒難題，每天都有難題處理，自然就會活得充實，堅持不懈，就能發現自己每天都在進步，每天都會感到快樂。

（三）「新鮮」的工作環境

「新鮮」的工作環境可以讓員工感到好奇、興奮，從而激發工作熱情。

不過，當工作環境逐漸熟悉了之後，熱情將漸漸冷卻，工作積極性就會自然下降。為此，管理者應該透過工作擴大化、職位輪換等辦法，為員工創造各種「陌生」環境，讓員工好奇、興奮、新鮮的心態永遠存在；除了工作環境，管理者還可以透過開闢學習充電的培訓環境，為員工的進一步發展「充電加油」。

（四）有效的職業規劃

只有滿足員工發自內心的追求才能真正激發起他們的工作激情。所以，為了培養員工積極向上的情感，飯店應該注意考察員工的實際能力與潛力，結合員工對自己理想職業（最適合自己的）的每一件事——從工作內容、工作形式到工作環境的選擇，幫助員工設定職業計畫，進行科學的職業管理，並制訂可行的行動計畫。

（五）科學的情感管理

每個人都是有思想、有情感、有需求的個體，對於員工的管理，除了透過一定的規章、制度來規範其行為外，還要求管理者在管理中做到「曉之以理，動之以情」，透過「嚴中有情，嚴情結合」的管理模式，激發員工的激情，使工作得以高效地展開。同時，透過管理者與員工的直接交流，使管理者更加關注員工的需要，為員工提供更多的事業發展的空間；此外，作為飯店的管理者，要透過對員工的不斷激勵、教導、幫助、支持與關心，加強對員工思想的瞭解，排除員工在心理上、思想上的障礙，激勵員工以飽滿的工作熱情投入到工作中，為飯店創造更大的效益。

第三節 態度要素

從行為層面上看，態度決定一切。沒有好的態度，就沒有忠誠、敬業、服從、自動自發、奉獻、責任感。世界著名企業之所以成績斐然、卓爾不凡、基業常青，其原因之一就在於它們很好地將企業的理念體系、職業精神融入到了員工的思想當中，使員工具有積極工作的態度。

一、積極態度的表現

所謂態度，是指對特定對象的情感判斷和行為傾向。態度是人類心理外化活動的最基本狀態，它可以因諸多因素而產生。對於以提供服務產品為主的飯店而言，管理者對工作、對員工的態度；員工自身的工作態度、對客態度、學習態度等都會對飯店有效運轉產生重要影響。心若改變，態度就會改變；態度改變，習慣就會改變；習慣改變，工作績效也會隨之改變。

對於一個員工而言，積極的態度主要可以表現為以下四個方面：

1．勤奮

所謂勤奮，就是要把工作看成是自己的事情，專心、盡力去做。幾分耕耘，幾分收穫，要想有所成就，就必須學會付出。所以，作為員工，必須養成全心全意、竭盡全力、今日事今日畢、立足做好本職工作的態度和習慣。

2．主動

主動，就是不用別人說就能出色完成工作任務。對此，作為飯店的員工，一要主動理解上司的意圖，主動替上司排憂解難。二要主動接受工作任務，尋找為企業貢獻智慧和才華的機會。三要主動報告你的工作進度，向上司反饋你的工作成果。四要對自己的業務

主動提出改進計畫，主動解決各類問題，有所創造，有所發明。

3．負責

負責，就是要認真做事，恪盡職守。所謂認真，就是做事要嚴謹務實，一絲不苟。所謂盡職，就是要牢記使命，敢於承擔責任。

4．虛心

虛心，就是要永不自滿，好學上進。一個人要想進步，就必須具有虛心好學的態度，善於向書本學習，向社會學習，向實踐學習，向他人學習。要做到學而聽之，聽而思之，思而做之，不斷創新。

二、積極態度的來源

從個人的角度考慮，積極的態度需要自身的修煉。其主要體現在以下幾個方面：

（一）擁有感恩之心

具有感恩之心的人，他才會熱愛社會，熱愛他人，熱愛生活。在生活中我們要感謝父母的養育之恩，感謝老師的教育之恩，感謝朋友的關懷之情。在工作中，飯店的每個員工都要感謝所有入住的客人，因為是他們的消費給你帶來了工作的機會，給你帶來了生活的基本物質基礎。只有擁有這種對客人的感恩之心，才會有良好的服務態度。

（二）激發企圖心

企圖心，即達到自己預期目標的成功意願。當你一定想要做好某件事時，你就會發揮最大的能量去尋找方法，投入百分之百的熱情，把工作當成一種娛樂，並享受於其中。有這種心態的人常常在不知不覺中取得驚人的成就。

（三）培養自律

要使自己達到最佳的工作狀態，僅僅靠紀律約束是不夠的，只有員工真正做到自律，自動自發地工作，才能實現效益的最大化。人人崇尚自由，然而，自由的前提是自律，自律就是要克制人的劣根性。在日常工作中，隨時隨地嚴格要求自己。正是這種自律心態的形成，才能讓客人享受每位員工提供的發自內心的優質服務。

（四）培育恆心

「持之以恆」是通向成功的必備條件。

持續的積極態度來自百折不撓的精神：奮鬥，失敗，再奮鬥，再失敗，再奮鬥直至最終的成功。任何的成功都不是一蹴而就的，需要長期的堅持、忍耐與行動。

（五）開闊胸懷

所謂胸懷，是指個人的氣度，開闊胸懷在相當程度上是指要能包容──對異己的包容，對陌生的包容，對不如己者的包容。要努力培養自己的心胸像大海一樣寬廣而包容。在服務的過程中，無論遇到多大的挫折和困難，都能處變不驚，主動把「對」讓給賓客，用寬闊的胸懷去為更多的顧客提供更好的服務。

三、積極態度的培育

飯店員工態度的形成，主觀因素固然是起決定作用的，但環境因素也是重要的方面。作為組織，同樣應創造積極向上的氛圍，激發員工的工作熱情，調動員工的積極性。

（一）理念輸入不間斷

心理學家研究表明：人的行為受信念支配。

飯店員工只有相信自己，並隨時把飯店的理念、文化轉化為自

己的行為信念，才能為客人提供最好的服務，使自身的工作獲得客人最大限度的認可。因此，在飯店的全員培訓中，管理者在深入理解飯店的理念體系的基礎上，不間斷地採取不同的方式反覆向員工灌輸飯店的理念，使每個員工都能真正明白、理解飯店的理念體系，並將這種服務理念最終昇華為他們自己的信念時，員工就可以傾聽到內心最真實的聲音，可以按照自己心靈指示去做事，保持自己人格和心靈的自由和獨立，不必違心地做自己不想做的事。只有堅信自己在飯店中形成的工作信念，才能堅持不懈地追求自己的勞動價值，不斷拓展自己的自我實現空間。

（二）規制執行無間歇

規制是飯店運行的基本保障，在培養和樹立員工的信念和積極的態度中具有強有力的引導和督促作用。飯店規制的執行應該始終如一，永續無間斷。否則就會使員工形成一種僥倖的心理，今天嚴查，查到我是倒霉，沒查到我那是運氣。這樣，員工在工作過程中，就會拖拖拉拉，馬馬虎虎，飯店嚴格檢查期間，謹慎行事，過後，依然我行我素。在如此的工作環境中，員工信念和積極態度的形成將會面臨很大的障礙。

（三）行為文化系統化

飯店的行為文化，是指飯店員工在業務經營中產生的活動文化。行為文化與制度文化、物質文化相比有很大的區別。前者是以動態的文化表現形式存在，而後者則是以既成的靜態形式存在的。行為文化一方面以物質文化為基礎，受精神文化的指導，規範於制度文化中；另一方面又在各種活動中影響和創造著新的精神文化與制度文化。行為文化不僅直接影響員工的態度和行為，而且也影響著消費者心目中的飯店形象。消費者瞭解一個飯店，大多數情況下是憑飯店員工的實際行動留給他們的印象。如果服務員的態度和舉止不佳，比如接待客人不夠親切、總機小姐應答電話不夠禮貌、服

務意識不強等，即使飯店的硬體再好，員工的穿著再規範，飯店在設計和裝潢上再花費心思、建築的外觀再華麗，都無法給消費者留下良好的印象。飯店可以透過行為規範統一員工的行為，用一種強大的、似乎是無形的意識教化員工，使飯店的理念深入到每個員工的心裡，逐漸形成統一的價值觀。麥當勞公司之所以贏得世界良好的評價，就是因它在全世界所有的連鎖店中都做到了使理念與行為達成一致的行為文化。

1．個人行為與團體行為相協調

在飯店以行為為表現形式的文化系統裡，個人行為與團體行為的協調一致性，是優秀企業文化形成的基本前提。在飯店的實際工作中，當個人利益與集體利益發生衝突的時候，為了顧全大局，要求員工能做到捨小我來成就飯店的文化。尤其在服務的過程中要求員工做到淡化「有理爭十足，無理辯七分」的思想，而要以客戶的滿意作為一面鏡子來規範自己的行為，樹立一種以服務為導向的企業文化意識，使時刻為客服務理念成為每個員工銘記於心的大事。只有個人與團體的行為在飯店理念的統一指導下相互協調，飯店的執行力才會得以有效地體現。

2．領導行為是導向

要把行為這種表層的東西上升到文化表現的高度，並造成「四兩撥千斤」的作用，使行為文化得以長期、穩定地存在，就要求飯店的經營管理層從上而下地把飯店的理念準確地樹立起來，吃深、吃透，並在此基礎上透過自己的行為表現出來，造成「標竿」作用。領導者作為飯店經營的規劃者，除了在經營決策方面起決定作用外，還要求他是具有卓越領導能力的人，必須在工作中強調持之以恆，善於創新，做實事而不空談，而且目光遠大，注重整個企業發展的全局性設想。透過領導層表現出來的各種行為來指引各個基層員工的行為，並最終形成全飯店統一目標的行為文化。

讓理念真正深入到每個員工的內心深處，管理者的身先士卒、言傳身教是關鍵。在很多飯店中，總會聽到員工說這樣的話：「老是要求我們這樣做，那樣做，其實他自己都做不到。」一個理念的有效執行，都是在管理者以身作則的帶動下，得以快速、有效實施的。如果在管理過程中，管理者不能做到以身作則，那麼將形成「己身不正，雖令不行」的尷尬局面。

3．模範行為是榜樣

當今社會上的各行各業，都意識到了激勵能給企業帶來巨大的動力。而隨著社會的發展、文明的進步，一些有思想、有追求的員工所希望的激勵方式，已經不再僅僅停留在物質激勵的層面，所以管理者要積極引入競爭性的激勵機制。作為一名飯店管理者，應該鼓勵員工相互競爭，不甘平庸，不滿足現狀，奮發向上，以促進飯店的經營管理和服務品質水平不斷提高。這樣競爭的結果不僅能使優秀人才脫穎而出，成為飯店企業的骨幹；而且，飯店還可以透過舉辦比賽等方式來評選最佳員工、微笑大使、禮貌大使、技術能手等，最終激發員工的潛力，調動其積極性。

4．員工行為是基礎

飯店員工是飯店服務品質的載體。飯店員工的個人和整體行為決定了飯店整體的精神風貌，因此，飯店員工行為的塑造是飯店文化建設的基礎。飯店員工個體及群體行為培養可以和對員工政治思想、規章制度、服務技術與技巧等的培訓結合起來，如對飯店員工事業理想的培訓，當員工可以預見到自己的未來時，就能體驗到「實現飯店當前的目標」是在為「自己的將來打基礎」，就會感到所從事的工作不是臨時的、權宜的、單一的，而是與自己的人生目標相聯繫的。把這種關聯性轉化到員工的個體行為中，就會有利於員工形成事業心和責任感，建立起對飯店的信念，並把這種信念貫徹到行動中。

飯店透過自身的業務經營活動，不僅反映出飯店的業務經營特色、組織特色和管理特色，更重要的是它透過員工的行為，反映出飯店在經營活動中的策略目標、群體意識、價值觀念和行為規範。如何將飯店的特色、個性文化內涵用員工的言行表現出來，是飯店文化打造的一項重要工作。例如，現在許多飯店都在制訂員工言行規範，這當然是一件好事，但是在規範的同時，是否注意到了在當今個性張揚的時代，千篇一律的規範，如「您好」、「謝謝」、「再見」等用語，顧客願意接受嗎？因此，必須認識到，只有當員工把企業文化當作自己最可寶貴的資產，當作個人和飯店成長必不可少的精神財富時，他們才能以積極的人生態度去從事飯店的工作，以勤勞、敬業、創新規範指導自己的行為，最終使飯店的文化有效地落實到員工的行為中，並最真實、最全面地體現出來。

第六章 飯店管理的機制建設

導讀

　　飯店策略的實施，離不開科學的管理機制。企業管理機制是有關企業管理的各個要素在運行過程中所形成的相互制約、相互作用的聯繫方式，是一個有機聯繫的綜合體系。對於中國飯店而言，建立科學的產權制度，建構完善的組織體系和有效的企業規制，則是飯店管理機制建設的基本任務。本章第一節主要從飯店產權改革的要求出發，分析中國飯店產權改革的難點和方式。第二節主要介紹飯店企業的治理結構、組織結構和職位設計的基本原理和方法。第三節主要論述飯店業務體系、考評體系和報酬體系的基本要點。

第一節 飯店產權制度改革

　　產權制度，是指既定產權關係和產權規則結合而成的且能對產權關係實行有效的組合、調節和保護的制度安排。科學的產權制度是飯店企業充滿活力和持續發展的基礎。由於歷史的原因，中國大部分飯店的產權制度存在著諸多問題，必須實施有效的改革。

　　一、飯店產權制度改革的要求

　　飯店產權改革的目的是為了優化資產結構，增加國家稅收；增強企業活力，提高企業素質；增加員工收入，改善員工生活。為此，飯店的產權改革必須達到以下三個要求。

　　（一）產權關係清晰化

　　1 · 產權的特性

從最基本的意義上說，產權就是對物品或勞務根據一定的目的加以利用或處置而從中獲得一定收益的權利。產權一般包含以下規定性：

（1）產權是依法占有財產的權利，它與資源的稀少性相聯繫，這種人與物的關係體現了人與人之間的關係。

（2）產權的排他性意味著兩個人不能同時擁有控制同一事物的權利，產權的這種排他性是透過社會強制來實現的。

（3）產權是一組權利，即產權可以分解為使用權、收益權和讓渡權。

（4）產權的行使有一定限制。一是產權分解後，每一種權利只能在法律或契約規定的範圍內行使；二是社會對產權的行使可能會設置某種約束規則，如一個人可能擁有汽車，另一個人可能擁有一塊草坪，但是，擁有汽車的權利決不包含踐踏別人草坪的權利。

（5）由於產權使行為人在交換中形成了明確的預期，從而有助於使外部效應內部化。

2．產權安排

為了市場交易順利地進行，必須確立排他性的產權，即透過產權界定，確定誰有權做什麼並確立相應的產權規則。具體包括：主體對交易對象應擁有明晰的、唯一的產權，而且產權具有可分離的特性，即產權在量上是可以度量的（透過市場價格反映出來），產權是可分解的；只要產權的擁有者不違反法律及不損害他人的利益，產權的行使應該不受任何限制；產權具有可交換性，這是市場平等交易與資源自由流動的必要條件；產權擁有者必須對產權行使的後果承擔完全的責任。

3．產權清晰的要求

產權清晰是現代產權制度最核心、最基本的內容。所謂產權清晰，從國際慣例上講，一是指法律上的清晰，即產權有完整的法律地位，並得到真正的法律保護。現代企業應以法律形式來維繫產權的契約關係，明確產權關係中的權利，保護各種合法權益，調整各行為主體的關係。二是指經濟上的清晰，即產權在現實經濟運行過程中的清晰。

具體來說，應在產權界定的基礎上實現產權關係明晰化。這需要做到以下三點：一要明確企業財產關係、財產責任與財產權利；二要明確企業法人與出資者、債權者的關係，即企業法人的權利與責任；三要明確經營者與員工的關係等。產權關係不清一直困擾著中國國有飯店企業發展，而傳統國有企業管理體制下政資不分與政企不分是導致國有飯店企業產權關係不清的根源。從目前國有飯店企業產權關係的發展來看，法律上的產權是清晰的，但產權在整個經濟運行過程中是不清晰的，這也正是我們進行產權改革的方向所在。

（二）產權結構合理化

所謂飯店企業產權結構，就是飯店企業內部的產權組合狀況，或者是指飯店企業內部的財產關係結構。飯店企業產權結構合理化主要涉及以下兩個問題：

1．飯店產權結構類型

飯店產權結構類型大致可分為三類：第一類是一元化產權結構，即飯店企業的出資者只有一個；第二類是二元化產權結構，即飯店企業的出資者是兩個；第三類是多元化產權結構，即飯店企業的出資者有三個或以上。實踐表明，無論任何性質的企業，只要是產權結構一元化，發展到一定程度都可能會出問題。國有企業產權結構一元化，即由某個政府機構單獨出資，這就解決不了行政干預

的問題。民營企業產權結構一元化，即由某個自然人單獨出資，這就難免會有家庭血緣關係的干預。二元結構也非理想之結構，它容易出現權力之爭，導致互相防範，互相制約，互相扯皮的局面。而產權結構的多元化為企業法人治理結構的建立提供了產權制度基礎，並且，從總體上來看，多元產權結構更有助於企業治理績效的提高，多元化產權結構是現代產權制度的發展方向。一元化產權結構一般適用於小飯店，如果想使自己的飯店做大做強，並希望朝著連鎖經營或企業集團發展，那麼多元化的產權結構應該是理想的選擇。

2．飯店產權的組成

產權組成，就是指在產權結構多元化的條件下，飯店產權體系中有哪幾種性質產權構成，哪一種產權占主導地位。在現實的經濟活動中，根據產權主體的不同，大體上有五種產權：自然人產權，即產權屬於個人；社會群體產權，即產權屬於社會中的某一個群體，如集體所有制企業；社團產權，即產權屬於某個社會團體，如俱樂部、協會；社區產權，即產權屬於某個地區的人所有，包括某些地方政府擁有的產權；國有產權，即產權主體是國家。一個企業的產權組織體系中，究竟應該有哪幾種產權構成，關鍵要看這個企業所從事的產業的性質，以及企業的生產力水平。屬於競爭性和生產力水平低的產業，應該以自然人產權為主體，因為自然人產權具有很大的約束力。飯店產業具有競爭度高、資金與勞動密集等特性，所以，國有產權儘可能不要進入，一般以自然人產權、社會群體產權和社團產權組合為比較合理，而且一般以自然人產權或社會群體產權為主導地位。

（三）產權組織科學化

產權組織，就是指在產權結構多元化的條件下，不同類型產權的組合方式及相應規定。飯店產權組織合理化，實際上就是選擇合

理的產權組織制度。從中國飯店業的現狀來看，除了小飯店採用的業主制企業外，多種產權的組織制度主要有合夥制企業、有限責任公司和股份有限公司三種。各種組織制度都有其自身的特點、優點與缺點，並不存在唯一最佳的模式。飯店產權組織制度的選擇，受多種因素的影響，因而要根據自身條件，採用與環境相匹配的產權組織制度。

1・合夥制

合夥制，指由兩個或兩個以上的少數人聯合投資、聯合經營，合夥人共同分享利潤，對企業債務負無限責任的企業經營方式。合夥制模式有三種類型：一是所有合夥人共同出資，共同經營，他們既是企業所有者，又是經營者；另一種是由部分合夥人承擔盈虧責任，另一部分合夥人經營；再一種是以上兩種情況再僱用一些員工為其工作。合夥制的主要特點有：一是合夥人對企業負有出資責任，並依據投資份額，享有經營決策和利潤分配的權利。二是合夥人對企業債務承擔無限連帶責任，即每個合夥人都負有清償企業全部債務的責任，或者說，債權人有向任何一個合夥人追索全部債務的權利。三是合夥人之間的契約關係是建立在人際關係的基礎上的，可以稱為「人合公司」。當合夥人及其關係發生變化時，合夥制企業也將終止。四是合夥制企業承擔民事責任，企業的重大決策由合夥人共同作出。合夥人出資既可以是資金或其他財物，也可以是權利、技術、信用和勞動等。合夥制模式一般適合資本需求量不大，經營規模不需要太大，而個人信譽有決定性作用的行業，如律師事務所、會計師事務所、資信評估公司、廣告事務所、私人診所、股票經紀商等。在個人資本、能力、關係等力量不足的情況下，飯店也可採取這種制度，但必須注意防範可能的風險。

2・股份有限公司

股份有限公司指全部註冊資本劃分為等額股份，股東以其所持

股份為限對公司承擔責任，公司以其全部資產對公司債務承擔責任的企業法人。其主要特徵是：資本分為等額股份，股份是資本等額劃分的最小單位；股東人數只有下限，沒有上限；股份可以採取股票的形式在社會公開發行；實行公開財務制度；公司是自主經營、自負盈虧的法人實體。

股份有限公司是唯一可以公開發行股票的公司，是公司制企業的典型形式。在這種公司中，任何人願意出資都可以成為股東，沒有資格限制，股東的權利體現在股票上，並且隨著股票的轉移而轉移。其組織結構是最為嚴密完整的，設有股東會、董事會、監事會等機構，各機構之間有嚴格的分工和制約，各機構按照各自的分工相互配合。這種組織制度一般適合大型的、多元化的飯店企業集團。

3．有限責任公司

依據中國《公司法》第三條的規定，有限責任公司指由一定人數的股東組成的，股東以其出資額為限對公司承擔責任，公司以其全部資產對公司的債務承擔責任的公司。

有限責任公司的組織結構比較規範，設有股東會、董事會、監事會等機構。股東會是權力機構，負責公司經營中的重大事務的決策；董事會是執行機構，負責執行經營事務；監事會是監督機構，負責對公司工作人員或機構的監督。但是，有些國家也允許規模小的有限責任公司在機構設置上採取靈活的方式，例如不設置股東會和董事會，只設置執行董事，不設監事會而只設幾名監事。有限責任公司不公開發行股票，股東出資轉讓要受到限制。

有限責任公司克服了股份有限公司中股東人數過多而無凝聚力、股票交易的投機性、股東的不確定性等缺點。大部分的飯店一般可採取這種組織制度。

二、飯店產權改革的難點

飯店產權改革是對飯店根基的變革，牽涉到諸多相關方面的利益關係，並且將對飯店的運營產生重大影響。飯店的產權改革過程會遇到各方面的阻力，面臨很多的困難。

（一）思想轉變的困難

飯店的產權變革對飯店自身、當地政府部門以及整個飯店行業等都會產生或多或少的影響。

特別對於飯店員工來說，產權改革給他們造成的衝擊力尤為顯著。中高層管理者可能會因為自身權力受到威脅而反對改革，而普通員工也會因為原來的「鐵飯碗」的丟失或是福利的損失而不支持飯店的產權改革。飯店產權的變革不僅僅是飯店本身的事情，它會對政府決策和飯店行業結構都產生影響。獲得相關部門的支持是飯店產權改革的重要支撐，但由於種種因素的影響，轉變政府部門以及相關行業組織的傳統觀念，說服其關注並支持飯店改革具有一定的困難。

（二）體制、政策的阻礙

體制、政策方面對飯店產權造成的阻礙主要體現在以下幾個方面：

第一，中國的社會制度決定了政府只能在保持公有制主體地位的硬約束條件下進行國有企業改革，國有企業建立現代企業制度比無約束條件的其他企業建立現代企業制度要困難得多。

決策者既要對國有飯店進行改革，為飯店帶來生機和活力，又不能越過一定界限使改革走得太遠，即防止「私有化」和「國有資產流失」。如此一來，最終形成的經營管理體制便是一種妥協，而這種妥協對業主來說已經太過於越位，而對經營者來說卻遠沒有達

到應有的效果。

第二，國有資產管理體制不合理以及傳統計畫經濟體制下國有資產的難以流動和不可交易是國有飯店產權改革的重要阻礙。中國目前的國有經濟管理體制實際上是一種具有多層次代理人的，並且具有極強行政性的代理制。國有企業代理人雖然不是最終的所有者，但現實上都可以對國有企業併購活動起著決定性的作用。代理人之間是上下級行政關係，由於無利可圖或是其他什麼原因，其中一個層次的代理人對企業併購進行否決，那麼下層代理人無論如何努力也是白費的。總的來說，中國的國有制企業名義上是全民所有，實際上已在不同程度上成為各級代理人（包括各級政府機構及政府的負責人）所支配的企業。這種多層次的行政性代理制本身，就阻礙著國有飯店產權制度的改革。

第三，非經濟因素障礙。非經濟因素障礙指企業改制中因為政府的非經濟原因而形成的行政干預。國有飯店的背後實際上是各級政府部門，各級政府在考慮企業資產重組時往往不僅考慮資產重組中本部門的經濟利益，還要考慮政治安全以及社會等非經濟方面的因素，因而會將政府目標帶入企業改制這種屬於資本經營的市場交易過程中。

第四，目前存在的在稅收、投資以及就業等方面的硬性政策規定給飯店產權改革帶來困難。

由於政策缺乏靈活性，許多飯店產權改革不得不按照條條框框進行，失去了很多與國外合作以及地區合作的機會。特別是由於地區政策的差異以及地區相互競爭的關係，使得跨地區飯店產權改革困難重重。

（三）制度不健全的阻礙

國有飯店產權改革制度方面的不健全體現在多方面：

第一，目前國有企業改革還缺乏對法治的重視，制度建設不完善。法律是產權制度改革合理有效的根本保障，但目前的法律並沒有很好地解決所有權與經營權之間的產權關係，而且對改革過程中出現的「內部人控制」問題也沒有解決的條例可循。

第二，目前已建立的制度存在著普遍的部門色彩，部門保護主義突出。而且無論是國家統一制訂的法律制度，還是各地設立的規章制度，都具有一定的地區分裂性，存在著一味保護各自地區利益的弊端。由於地區之間制度的不統一，以及地區保護主義的盛行，使得國有飯店的產權改革無法真正地完全融入市場經濟浪潮中。

第三，飯店的產權改革缺乏有效的監督機制。法制規定的人民群眾的監督作用在實際改革過程中由於處於被動地位而無法發揮出來。其次，制度本身的制訂原則化，缺乏靈活性。而對企業高層管理者所制訂的相關政策由於現實市場條件尚未成熟而不能真正發揮作用。

第四，中國飯店產權改革正在由一元化向多元化發展，但針對產權結構多元化的法律制度卻遠遠不夠完善。至今，產權主體之間的相互交易還沒有相關法律制度的保障。

當然，飯店資產規模大，影響面廣，勞動密集，員工安置難度大等，也是飯店產權制度改革的主要難題。

三、飯店產權改革的方式

產權改革是將原有產權的部分或全部退出，主要表現為對原有產權所有者的替換，一元化產權結構、二元化產權結構向多元化產權結構的轉變。產權改革的目的是理順模糊不清的產權關係、界定出資者所有權與企業法人財產權的關係。國有飯店產權改革主要透過三種方式實現：公開拍賣、協議轉讓和內部改制。

（一）公開拍賣

公開拍賣是指參與的投資者進行競拍，出價高者得到產權的所有權。公開拍賣主要是針對國有飯店的產權實行有償轉讓、資產重組。參與公開拍賣的投資者一般是企業外的個人或企業。

對國家或集體所有的公共財產進行公開拍賣是國際通行的做法。在英美等國，政府及執法機關從不自行組織拍賣活動，所有公物一律委託拍賣企業進行拍賣。國有飯店透過公開拍賣方式，實現資產重組，具有以下優點：

（1）有助於解決企業產權價格與價值背離的問題。可以有效防止內部的「打折」出售，促進產權交易社會化，使國有資本在更大的空間裡合理流動起來。

（2）有利於國有資產價值最大化。透過公開競爭拍賣，能以最高報價成交。整體收購，誰出價高，誰能最合理利用，並對企業職工做出最佳安排，就賣給誰。這就可以減少人為的價值高估或低估問題。

（3）有利於維護新業主的利益。對拍賣的資產由評估事務所進行評估，由國資部門確認，拍賣的標的物中不包括負債，便於新業主進入。

（4）有利於消除閉門搞改制的弊端，體現了公開、公平、公正的原則。

（5）可以根除國家公物處理中的漏洞，極大地促進國家政府機關等的廉政建設。

案例6-1

杭州華僑飯店的拍賣

杭州華僑飯店，位於風情萬種的西子湖畔，建於1957年，是杭州最早的三星級飯店之一，也曾經是杭州名氣較大的飯店。該飯

店正面直對「淡妝濃抹總相宜」的西子湖，實際用地面積9,216平方米，房屋面積18,356平方米，客房220間。建築雖然有點陳舊、老套，但地段環境確實是杭州絕版中的絕版、地王中的地王。華僑飯店屬於杭州市政府的國有企業，1994年至1999年共創利稅633.1萬元。1999年中共十五屆四中全會明確提出了從策略上調整國有經濟布局的改革思路，國有經濟要逐步退出競爭性行業，放手讓民營企業發展。在這個大氣候下，杭州市政府2000年初決定「有序地將國有資產從旅遊飯店業中退出」，「為相關行業的體改提供有用的經驗」。近50年歷史的華僑飯店，就是在這樣的大背景下，在2000年7月被推向了拍賣場。在拍賣前的資產評估中，華僑飯店有1.248億元淨資產。拍賣廣告在媒體上公開後，很多人都躍躍欲試，有21家旅遊業和房地產業的企業登記參加拍賣。後來真正參加拍賣的企業只有4家，而且都是房地產企業。拍價從1.08億元叫到1.5億元時，有兩家企業相繼退出。最後，浙江廣廈以2.08億元價格中標。這次拍賣是2000年之前中國內地最大標的國有資產拍賣案。

（二）協議轉讓

協議轉讓主要是透過對價格的協商來實現國有產權的轉讓。協議轉讓主要包括整體轉讓和部分轉讓兩種形式。此外，負債轉讓也可以看作是協議轉讓的方式之一。

1．整體轉讓

整體轉讓，就是飯店的全部資產讓外部自然人、法人買斷經營。外部自然人或法人可以以現金或其他的財務手段買下國有飯店的全部資產。只要轉讓雙方能夠確定合理的彼此都能接受的價格即可。外部自然人尤其青睞這種便捷的方式。採用這種方式，轉讓方一般會對飯店今後的發展、員工的安置等提出具體的要求。所以，這種方式後遺癥一般較少，關鍵的問題是轉讓的價格。

案例6-2

大同市雁北旅館的產權改革歷程

雁北旅館是大同市創立最早的一家三星級涉外旅館，也是市委、市政府重大會議、外事接待與商務洽談的主要場所之一。但由於雁北旅館的債務問題、產權歸屬問題以及第一次改制不夠澈底，導致旅館無法持續發展下去。為此，市委、市政府決定對雁北旅館實施產權改革，並要求產權轉讓工作一定要按照程序規範操作，做到合法、公正、透明，在保障旅館職工利益和有利於旅館發展的前提下做好此項工作。

根據市委、市政府的安排，大同市國資委從2004年10月開始接受雁北旅館的產權轉讓工作，並嚴格按照規定的程序規範操作：①進行清產核資、產權界定和審計評估工作，並按規定由相關部門進行核準備案。②制訂了產權轉讓實施方案，並經市政府常務會議審議透過。③制訂職工安置方案，多次召開職工大會徵求意見，審議表決；為職工支付安置費用與勞動保險費用800多萬元，解決了職工因解除勞動合約的經濟補償問題；安置方案在報經市勞動和保障部門批準後開始實施，目前絕大多數職工已領取了經濟補償金與補發的費用。④徵求金融機構對原有銀行債務的意見，形成了處置意向。⑤終結租賃合約，實施清算。⑥委託大同市產權交易市場公開上市交易。⑦達成協議轉讓意向後在《大同日報》進行了為期七天的公示，公示結束後正式簽訂轉讓合約，辦理交接手續。

雁北旅館產權受讓方為大同市中小企業信用擔保有限責任公司，企業性質為民營資本控股的股份制企業。大同市國資委工作組與該公司經過多次協商，訂立了雁北旅館國有產權轉讓合約，其中要求受讓方在同等條件下優先聘用原雁北旅館職工。改制後的雁北旅館將按四星級標準打造。

2‧招商聯營

招商聯營，就是國有飯店出讓部分股權，由外部的自然人和法人購買，在此基礎上進行公司化改造，建立現代企業制度，使企業注入新的活力。

案例6-3

「靚女」嫁入「豪門」──佛山旅館的國有股權轉讓

佛山旅館作為佛山的首家五星級飯店，自1981年成立以來，從一家70多間客房的小型飯店，發展成400多間客房，年營業額超1.5億元，並具有一定國內知名度的五星級國際商務型旅遊飯店。佛山旅館國有股權公開推介轉讓，要求受讓方必須是世界飯店業的前30強，引來了國內外數十家投資企業。

至2004年12月31日，佛山旅館65%的國有股權最終轉讓給國際知名的洲際飯店集團及其策略合作夥伴佛山奧園投資有限公司，出讓總價超4億元（含承接債務），比原評估價溢價2.3%，而剩餘的35%國有股權則轉讓給佛山旅館的經營團隊及骨幹員工。洲際飯店集團入主經營後，佛山旅館將更名為「佛山皇冠假日飯店」。

更名後的佛山旅館將進入洲際飯店集團全球訂房網路。

3‧負債轉讓

負債轉讓，也可稱作零資產轉讓。對於那些資不抵債但仍有一定發展潛力的飯店，可以以私有投資者承擔原有企業的全部債權債務為條件，將企業以贈送的方式轉讓出去。這種形式對盤活不良資產具有突出貢獻。

（三）內部改制

內部改制，就是飯店員工透過一定的方式，收購飯店的全部或部分資產，以建立科學合理的飯店產權制度。

1．員工收購

　　員工收購，以飯店內部所有或者部分職工買斷飯店的整個產權，從而實現身份的轉化而實現。

　　透過員工持股實現股份制改造需要做到以下幾點：

　　（1）員工同飯店企業利益一致，關心飯店發展。過去員工認為飯店的發展與自己沒有很大的關係，只要定期可以領取到自己的薪資就可以。現在職工持股的產權改造方式將飯店的發展與員工利益緊密聯繫在一起。員工、經營者和股東利益的一致性，促使三者共同為飯店企業的增值而努力。每一個員工都關心飯店的發展，特別是管理層人員、飯店的骨幹人員樹立起我與飯店共存亡的理念，為飯店的發展盡自己的最大力量。

　　（2）共同分享剩餘，調動各方積極性。薪資是員工勞動的固定所得，但並不能充分激發員工的積極性，沒有體現出勞動複雜程度的附加價值。盈利是飯店企業生存的保證，剩餘價值的產生是飯店企業發展的基礎。當飯店的經營有了剩餘，如何對剩餘進行分配十分重要。按照多勞多得的原則，誰對飯店企業的貢獻多，就應該多分享剩餘。飯店中的每一個創造價值的因素都參與到剩餘的分享中，可調動起各因素的力量來創造更多的價值。

　　（3）穩定員工隊伍，特別是保證管理層人員的穩定。飯店本身是人員流動相對頻繁的行業，在進行產權改革過程中要注意穩定人心，避免人員構成出現大的變動。重要管理人員、技術人員是飯店創造財富的重要保證，因此要特別關注這些關鍵人才的動向。在改制中，透過對相關制度的制訂以及薪資支付方式的調整來對關鍵人才的流動形成一定的限制。

　　（4）注重對員工的激勵，提升人力資本價值。飯店是勞動密集型行業，依靠員工的服務實現價值的創造，需要激勵員工發揮自

己的才能為企業創造價值。分享剩餘可以形成對員工的激勵作用。另一方面，以股權的方式來體現經營者的經營業績，即實現人力資本股權化，以此來留住高級管理人才，充分調動積極性，提升其價值。

案例6-4

寧波南苑飯店的改制

飯店改制背景

寧波南苑飯店（一期工程）成立於1990年，由寧波市供銷社投資建立，屬集體所有制企業，此後於1995年2月獲得「三星級旅遊涉外飯店」的稱號。1996年6月，南苑飯店的母公司——寧波南苑集團股份有限公司和寧波市農資公司共同投資，在一期工程的基礎上進行了二期工程擴建。二期工程於1999年5月正式對外營業，並於2000年3月獲得「五星級涉外旅遊飯店」的稱號，南苑飯店成為浙江省首家五星級飯店。

南苑飯店目前占地面積15000平方米，建築面積45000平方米，由主樓、裙房和重新裝修的輔樓等建築構成，主樓28層，擁有客房312間套，餐位1500個，其主要目標市場為國內外高級商務客人。

作為一家集體所有制企業，南苑飯店經過11年的艱苦創業，從一家資產僅為800萬元的招待所性質的飯店發展成為擁有資產4.5億元，年均營業收入逾億元的五星級飯店，取得了不俗的經營業績。但是由於沒有明確與上級主管部門的產權關係，經營機制上存在較大的缺陷，阻礙了南苑飯店的進一步快速發展。具體而言，主要表現在以下四個方面：

（1）飯店經營者的日常經營工作經常受到政府行為的干預，經營者的自主權受到很大限制，妨礙了飯店經營者人力資本價值的

發揮。

（2）上級主管部門嚴格控制經營者薪資、獎金的分配，與經營者人力資本的市場價值不符。同時，傳統的經營定價方式不能產生有效的激勵作用，飯店經營者的主觀能動性得不到發揮，積極性受到挫傷。

（3）飯店經營者對於市場的敏感度不高，缺乏充分的市場意識，不能很好地把握市場投資機會，阻礙了南苑飯店更大程度地進入市場、占領市場和贏得市場。

（4）飯店經營者由於受到任期和年度業績考核的限制，很少考慮南苑飯店的長遠利益，使得南苑飯店的發展具有侷限性。

這些弊端的存在已經成為南苑飯店快速發展的障礙，不利於南苑飯店適應日益激烈的市場競爭，因此改革提上議事日程。

南苑飯店改制過程

2001年8月26日，以南苑飯店總經理樂志明為首的經營者和其他200多位員工（共210人）共同出資3,780萬元，組建了「南苑飯店管理有限公司」。根據經營者的能力和職稱級別，南苑飯店管理有限公司確定了經營者和員工的出資額度：

（1）普通員工入股額度為2萬～10萬元/人；

（2）主管人員入股額度為5萬～20萬元/人；

（3）部門經理入股額度為10萬～50萬元/人；

（4）高層管理人員入股額度為100萬～300萬元/人。

南苑飯店經營層副總經理以上高級人員（7人）平均每人出資近300萬元，控制了「南苑飯店管理有限公司」51%的股權，形成了「經營者持大股」的局面。

2001年9月，寧波市政府正式批準南苑集團股份有限公司的改制方案，其子公司——南苑飯店的改制同步進行。經會計事務所評估，南苑集團股份有限公司總資產3.77億元，帳面淨資產7,105萬元，核銷、剝離、提留後淨資產為4,296萬元，扣除員工補償金567萬元，實際國有資產3,700萬元。2001年9月26日，南苑集團股份有限公司股權轉讓簽字儀式在南苑飯店國際會議中心舉行。樂志明代表南苑飯店管理有限公司全體股東與寧波市供銷社簽署股權轉讓協議，受讓原寧波市供銷社所持有南苑集團股份有限公司88.54%的股份。由於南苑集團股份有限公司為南苑飯店的控股股東，南苑飯店管理公司對於南苑集團股份有限公司的控股達到了間接控股南苑飯店的目的，南苑飯店正式轉變為由原南苑飯店經營者控股的飯店。而飯店經營者則獲得了飯店的企業所有權。

南苑飯店改制的成效

南苑飯店改制完成之後，實行了一系列管理制度調整，在部門經理以上管理層實行了年薪制。經過改革及其相應的管理制度調整，南苑飯店的傳統經營管理體制得到激底改造。2001年以來，改革取得了一定的效果。其中最主要的是飯店經營者的觀念和意識得到了全面的更新，樹立了主人翁意識、持續發展意識和風險意識。

（1）主人翁意識。在集體企業制度下，絕對的行政隸屬關係決定了南苑飯店原經營者的工作重點更多的是在關注上級主管部門的要求、執行指令等方面，對於經營管理、創造經濟效益，本應是企業的主要工作職責卻忽略了。改革以後，南苑飯店的經營者們有了企業的多數股份，真正成為企業的剩餘索取者和控制者，成了企業的主人。經營者關注的重點很自然地轉變到了為企業謀求經濟效益最大化、股東利益最大化上來。

（2）持續發展意識。傳統體制滋長了經營者只注重短期效益

的意識和行為，這種意識和行為在一定程度上損害了企業和員工的長期利益和企業的可持續發展。改革以後，決策者、經營者對飯店的長遠發展、品牌的精心培育給予了更多的關心和支持，更多地從全局和長遠的角度考慮問題。無論從人才培養方面還是品質標準方面都從飯店可持續增長的角度建立起一系列制度。

（3）風險意識。在傳統體制下，企業有政府和國家作為後盾。企業中普遍存在「有事找政府」的依賴心理。然而，改制以後，國有資本退出企業，產權主體由政府轉變為經營者和員工。企業完全進入了市場運作的軌道，經營者的市場風險意識進一步得到加強，市場研究工作更加深入。

2．管理層收購

管理層收購（MBO）是飯店實現產權改革的另一重要方式，也是最受爭議的一種方式。經過一系列的實踐證明，管理層收購產權改革在縣市中小型企業裡的實施狀況良好，但在大型國有企業的實施過程中則遇到了強大的障礙。目前，在對MBO產權改革的評論中形成了分別的分歧明顯的兩大派別，爭議非常大。其一認為管理層收購目前仍然是國企產權改革過程中導致國有資產流失的最大通道之一，不論大小企業都應該禁止進行管理層對產權的收購。其一則認為應該一分為二地分析目前管理層收購在產權改革中存在的問題，可以透過給予管理層一定的「好處」來完善產權改革，避免大的損失。

管理層對現有飯店的收購，通常是由產權協議轉讓的方式來實施。如果是上市公司，現行股票發行與交易相關條例明確規定要將自然人對一個上市公司的股份持有比例控制在千分之五以內。因此具有買斷意向的管理層不能以自然人的身份參與協商，必須首先組建一個新的公司。由該公司作為合法主體參與國有股和法人股之間的轉讓。管理層收購過程中，必須嚴格按照市場價值而不是投資沉

瀺價值來確定交易價格，以保證投資方管理者的利益。另一方面，要防止國有資產的流失，嚴格限制管理層透過關係網路、非法途徑壓低飯店的自有價值。要透過建立有效的飯店業評估機構和運作平臺，以及專家評估的方式來進行國有飯店的定價，以協商確定最終的交易價格。

案例6-5

開元旅業集團經營者收購與股票期權制度

開元旅業的兩次創業過程

開元旅業集團是一家以飯店業為主導產業、房地產開發為支柱產業、包括建材業和其他相關新興產業的多元化經營的企業集團。開元旅業集團是在蕭山旅館的基礎上，經過十多年的時間逐步發展起來的。

20世紀80年代後期，蕭山縣的經濟取得了較快的發展，經貿往來日益增多，原蕭山縣政府招待所已經不能滿足較高等級的商務接待要求。在這些因素的觸動下，蕭山縣政府決定拆除縣府招待所並在原址建造一座現代化的飯店。1986年，其時33歲的原蕭山金屬公司總經理陳妙林受命主持新飯店的籌建工作。最初，蕭山旅館由縣政府、蕭山寧圍萬向節廠等四方共同出資籌建，其中蕭山縣人民政府出資700萬元，工商局註冊性質為聯營企業。但是，在旅館籌建初期，由於多方面原因，蕭山萬向節廠等其他3家企業退出。面臨建設資金的大量缺口，陳妙林透過多方努力，最後從幾家銀行貸到了所需款項。經過兩年多的建設，1988年1月1日，蕭山旅館正式對外營業。

對於陳妙林來說，解決資金缺口，把飯店建成開業，這僅僅是一個開端，後續的管理難題接踵而至。由於旅館是在縣政府招待所基礎上建立的，因而，原縣政府招待所的60多位職工也就一同進

入蕭山旅館，這部分職工都屬事業編制，捧著標準的「鐵飯碗」。如果不進行大刀闊斧的改革，蕭山旅館就會落入「事業編制企業化運作」的招待所經營模式中去。對此，陳妙林毫不含糊，「改事業編製為企業編制、實行全員勞動合約制」。然而，改革措施一出臺，就受到多方既得利益者的反對，有的還鬧到了縣政府。即便如此，陳妙林沒有退縮，他盡全力說服了縣府領導並獲得了支持。改革舉措順利實施，原縣府招待所轉來的60多位職工無一例外地與旅館簽訂勞動合約；旅館所有員工實行合約制，上自總經理，下到部門經理、主管、領班，一律實行逐級聘任制，而陳妙林本人也「主動」失去了在那個年代令人垂涎的「行政級別」。事實上，「全員勞動制」一直到1992年才在公有制企業中推行開來，而蕭山旅館在1988年就已經完成，足足提早了4年。

與此同時，陳妙林又向上級提出，政府出資的700萬元由撥款改為貸款。這一變動使得蕭山旅館不知道誰是出資者，似乎「喪失了所有者」，蕭山旅館由事業單位向企業單位的轉變也使得蕭山縣（後撤縣建市，現為杭州市蕭山區）機關事務管理局成了全省唯一沒有下屬實體、沒有飯店和招待所的機關服務部門，而蕭山旅館自身也沒有了真正意義上的主管單位，直接掛靠縣（市）府辦公室。

儘管終極的所有權不明確，但是剩餘控制權集中在經營者手中所引致的「控制權激勵」造成了較為理想的效果。這在很大程度上彌補了「所有者喪失」，進而「無人關心企業」所帶來的缺陷。這裡有必要指出的是，如果經營者是個「缺乏上進心」的人，那麼這種高度集中的控制權或許會成為企業的災難。然而，陳妙林本人事實上是個夠格的「企業家」，開拓、執著、嚴謹、自律等優秀企業家的特質似乎都能在他身上找到影子。當面對星級飯店這一新事物，在自身專業水平有限的情形下，他不但自己勤於學習，而且還向外「借腦」，與當時的杭州大學旅遊系形成了緊密的合作關係。控制權激勵、企業家素質以及知人善任、巧借外力等因素使得蕭山

旅館在陳妙林的領導下快速發展。到1993年初，蕭山旅館還清了「撥改貸」的資金，並擁有了6000萬資產。1991年10月，陳妙林與杭州之江渡假村的出資方簽署了參股投資和經營管理承包合約。蕭山旅館接受各出資方委託，對杭州之江渡假村行使永久性經營管理權。1992年4月，經改建的杭州之江渡假村開業，成為杭州地區第一家渡假型飯店。1994年1月，按照四星級標準建設的蕭山旅館貴賓樓開業，蕭山旅館完成了第一次創業。

第一次創業的成功為企業的後續發展奠定了良好的基礎，而良好的總體經濟環境使得企業面臨著良好的發展機遇。為解決快速發展中的資金短缺問題，陳妙林決定對蕭山旅館進行股份制改造，吸收社會資金。第一步是1994年1月，在徵得蕭山市政府同意的基礎上，成立了以蕭山旅館為主體的浙江蕭山開元旅業總公司。第二步是1994年5月，浙江蕭山開元旅業總公司聯合中國工商銀行浙江省信託投資股份有限公司和蕭山市錢江實業總公司將蕭山旅館從集體企業改組為規範的股份制公司，使蕭山旅館成為浙江省首家股份制飯店。

浙江蕭山開元旅業總公司和蕭山旅館股份有限公司的建立成為開元旅業集團二次創業的起點。從此，開元旅業集團進一步向集團化方向發展，駛上了跳躍式發展的快車道。就主業飯店經營而言，眾多新的下屬飯店相繼建立，原下屬飯店則進一步完善。

開元旅業集團的改制

隨著開元旅業集團規模的擴大，如何激勵與約束集團高層經營者和下屬飯店的經營者，如何保持飯店核心人員的穩定，成為競爭成敗的關鍵因素。因此，在建立完善的約束機制的前提下，運用各種長期和短期激勵措施是十分必要的。然而從客觀上說，有效的長期激勵措施，例如經營者股票期權制度，是以企業所有權的進一步明確為前提的。為此，陳妙林多次向蕭山市政府提出明確產權歸屬

的要求，然而政府的態度不是很明確。

　　1999年底和2000年初，蕭山市政府的態度有了明顯的變化。其主要背景是蕭山市在全國百強縣排名中的位置有所下降，經濟發展速度相對全國其他先進縣市較為緩慢，因此市政府也在考慮透過產權改革進一步促進當地經濟的發展。1999年底，以林振國市長為首的蕭山市行政領導團隊對江蘇崑山市進行了考察，吸收了崑山市企業產權改革的經驗。此後，蕭山市政府作出決定，對市內主要國有企業進行進一步的改制，其中對開元旅業集團及其下屬企業提出了改制的基本意見：

　　「透過改革，促進開元公司更快、更好地發展。」

　　「開元公司及其下屬企業的國有資本必須全部退出。採取協議轉讓的方式比較穩妥，有利於保持公司的穩定發展。」

　　「對開元公司轉制的政策既要體現對主要經營者的重獎，又要保證政府改革成本。同意在淨資產中剝離職工補償、退休職工移交社保成本後，提取10%以股份形式獎勵給主要經營者。

　　剩餘淨資產按市政府蕭政發（2000）53號和蕭政發（1998）6號文件精神，在轉讓時折價優惠10%，受讓者一次性付款的可再優惠10%。」

　　開元旅業集團的經營者一直以來對進一步明確產權抱有積極的態度，而政府給予的優惠政策使得這一變革更具有操作性。於是，開元旅業集團的澈底改制在2000年全面展開。最終，開元旅業集團公司的國有資產評估價值為6 100多萬元，扣除用於員工工齡買斷的700多萬元，並利用「三個10%」的優惠政策，剩下的3,800多萬元國有資產由以陳妙林為首的主要經營者買斷，並以銀行個人信貸的形式一次性支付。「浙江蕭山開元旅業集團有限公司」重新進行工商註冊，註冊資本5,000萬元。

改制後，陳妙林等認為，為了使開元旅業更好地向集團化、規模化和專業化方向發展，「要把集團的'蛋糕'做大，僅靠幾個人控股不行」。開元旅業集團決定實施股票期權計畫。

當前的股票期權分為職位期權和獎勵期權兩種。職位期權是指集團公司對某些職位而非個人設立的、只有擔當該職位的集團公司職員才有權獲得的期權。獎勵期權則指在上述職位期權擁有者裡，依據本人對集團公司企業的貢獻大小給予不同期權行權時的獎勵額度。期權的股份來源主要是在集團主要經營者持股比例保持在55%的前提下，將45%左右的股份用於對高級管理人員的激勵計畫，包括職位期權和獎勵期權計畫。

集團職位期權的認購主體為：

* 集團總裁和與集團總裁相當的職位；

* 集團副總裁和與集團副總裁相當的職位；

* 集團大型飯店或同級別公司的總經理；

* 集團大型飯店或同級別公司的副總經理；小型飯店、小型公司的總經理和集團一級部門經理。

開元集團股權激勵制度規定，在上述職位級別的任職者只有從第二年起才有資格獲得該職位相對應的期權。根據本次職位期權計畫，職位期權的執行期限為10年（2001～2010年），在此10年內，集團期權管理委員會在每年年初確認各職位級別在該年度的職位期權額，年終時行權。為了合理地進行職位期權數額分配，開元集團還相應制訂了本次職位期權的分配考核評估標準。

開元集團在每年2月份確認期權以後，行權期為次年的2月。每年行權完畢後，由期權人向行權人獲取行權證明，即行權回執，待本職位期權10年期滿後，集團所有享有該股權利益的期權股東統一進行工商登記的變更手續，屆時這些手中持有期權股票的股東

會轉變為真正持有股份的股東。

期權計畫的實施事實上標誌著經營者人力資本產權的資本化的實現，剩餘控制權與索取權達到了空前的對應。它提高了高層管理人員的工作努力程度，其個人的債務壓力迫使其謹慎投資並提高經營效率。

開元旅業集團改革後的發展

2000年改制完成並實行股票期權制度後，開元旅業集團確定了「旅遊飯店業為主導產業，實施連鎖化經營，同時積極構築高效的投資項目，以促進主導產業的發展」的公司策略，繼續新建和購買飯店，並進入了旅遊教育業，同時集團的飯店業務管理體制進一步完善。

開元旅業集團的成功被業界譽為「創造了近年來國內旅遊界的一個奇蹟」，這其中以集團總裁陳妙林為首的經營者功勛卓著，為集團的發展作出了巨大的貢獻。陳妙林本人也因此榮膺2001年度「中國旅遊業十大風雲人物」的稱號。開元集團先後獲得多項榮譽稱號，在飯店業，成為「中國飯店業品牌先鋒」、「中國旅遊知名品牌」；在房地產業，成為「中國（杭州）十大城市運營商」、「杭州十大品牌房產」。截至2005年7月，開元旅業集團在杭州、寧波、臺州、上海、北京、徐州、開封等地擁有下屬企業30餘家；總資產30億元，不僅成為浙江省最大的旅遊集團之一，而且正向「全國第一位的民營飯店集團」目標邁進。

3．內部競標

內部競標，就是由飯店內部員工參與競拍，出價高者得到產權的所有權。這種方式，既體現了對飯店員工的主人地位的肯定，又體現了公開、公平、公正的原則，防止國有資產的流失。但是，這種方式的難點是確認投標者真正是員工本人。

第二節 組織管理體系

飯店管理機制建設的第二個環節是透過飯店有效的治理結構、組織結構與工作職位的設計，形成科學的組織管理體系。

一、企業治理結構

企業治理結構是指企業內部最主要的利益群體之間的相互關係。經濟學家吳敬璉將公司治理結構定義為由所有者、董事會和高級執行人員即高級經理人員三者組成的一種組織結構。三者之間形成一種相互制衡的關係。治理結構科學化就是要建立科學的法人治理結構。它是建立在出資者所有權與法人財產權相分離的基礎上，企業股東會、董事會、經理人、監事會分權制衡的企業組織制度和企業運行機制。法人治理結構的運行有賴於所有權與經營權兩權相分離，以公司的法人財產為基礎，以出資者原始的所有權、公司法人產權、公司經營權與管理監督權的相互分離為特徵。

（一）原始所有權

原始所有權是出資人（股東）對投入資本的終極所有權，主要表現為股權。股權是公司股東基於其股東資格而享有的權利。股東沒有對公司直接經營的權利，也沒有直接處置法人財產的權利。股東一旦出資入股，不能要求退股抽走資本。股權的主要權限有：對股票或其他憑證的所有權和處分權；對公司決策的參與權；對公司收益參與分配權。股東大會是原始所有權的載體。

（二）法人產權

法人產權是指公司作為法人對公司財產的排他性占有權、使用權、收益權和轉讓權。相對於公司原始所有權表現為股權而言，公司法人產權表現為對公司財產的實際控制權，保證公司資產不論由

誰投資，一旦形成公司資產投入運營，其產權就歸屬於公司，而原來的出資者就與現實資產的運營脫離了關係。公司法人產權集中於董事會。

公司股東或股東大會與董事的關係，是委託信任關係，即股東出於信任，透過股東會或股東大會，選舉董事，組成董事會；股東會或股東大會委託董事會，由董事會行使公司重大經營決策權。股東會或股東大會與董事會是權限的分工與協調關係，不是領導與被領導關係。

（三）經營權

經營權是對公司財產占有、使用和依法處分的權利，是相對於所有權而言的。

與法人產權相比，經營權的內涵較小。經營權不包括收益權，而法人產權卻包含收益權，即公司法人可以對外投資獲取收益。另外，經營權中的財產處分權也受到限制，一般來說，經理無權自主處理公司資產。經營權要由法人規定其界區，由董事會決定經理的職權。在公司的實際經營活動中，作為代理人的經理，在董事會委託範圍內，負責處理公司的日常經營事務並擁有相應的權限。

董事會和總經理作為公司經營任務的承擔者，兩者之間的關係及其微妙。能否成功地協調董事會與總經理的不同利益目標，使二者為了實現公司利潤最大化（股東利益最大化）而有效地合作，關係著公司的興旺發達。董事會成員的構成、董事會的權力範圍，影響著董事會與總經理之間的關係。

（四）監督權

在法人治理結構中，監事會應主要代表除控制性股東以外的其他利害相關者，對管理層進行監督。在公司所有除控制性股東以外的其他利害相關者中，中小股東和員工的利益與公司相關最大，他

們最具有關心公司和參與監控的動機和能力，監事會應集中他們的利益。監事會的監督職能和董事會的監督職能是相互補充的、而不是相互排斥的關係，其原因在於監事會與董事會有著不同的功能定位。由於監事會主要代表除控制性股東以外的其他利害相關者的利益，監事會的監督重點是決策的正當性，即企業的「正當經營」；董事會的監督重點是決策的科學性，即企業的「風險經營」。所謂決策的正當性，即決策的制訂程序和執行結果不會對其他利害相關者的正當利益造成損害。為了充分履行監事會的職能，要求監事會必須向專業化發展。

二、飯店組織結構

（一）飯店組織的構成要素

飯店組織是由一群人組成的利益共同體，一般具有三個基本要素：

1．特定目標

任何組織都是為目標而存在的，不論這種目標是明確的還是模糊的，目標總是組織存在的前提。沒有目標，也就沒有組織存在的必要性。一個飯店是由多個部門組成的，部門內還可分成若干單元。但是這些部門都是為了完成組織的總目標而建立的，並為完成組織的目標制訂了部門目標。

2．組織成員

組織是由一群人所組成的，不同層次的人群形成了組織的有機體。人既是組織中的管理人員，又是組織中的被管理人員，建立良好的人際關係，是建立組織系統的基本條件和要求。在一個組織中，存在上下級之間、同級之間、部門與部門之間等各種關係。一個組織能否協調一致，發揮組織的優勢，很大程度上取決於組織的領導者能否帶領組織成員處理各種關係。飯店要完成經營目標，必

須不斷命令、指導員工一起工作、執行任務。從人際關係角度來講，下屬人員對管理者的各種指令可以接受，也可以陽奉陰違。接受也可分為依從、認同、內化三個不同的接受程度。這三種不同程度的接受，可以產生不同的工作效果。如果管理人員無法處理這些關係，將很難行使權力進行有效的管理。一個組織是否具有生命力，能否在激烈的市場競爭中得以生存與發展，關鍵在於組織當中的人。

3‧組織結構

飯店各種關係的處理，必須有統一的規則，這就是組織結構，即明確每個人在系統中所處的位置以及相應的職務，建立相應的職位職權體系和規章制度。為了體現組織的力量，組織必須根據個人的特點、才幹、品質等，科學地進行分工，合理安排個人的職務，使人人都各盡所能，各司其職。

（二）飯店組織設計的原則

飯店的組織設計是以組織結構安排為核心的組織系統的整體設計工作。其組織設計原則指的是飯店組織建構的準則和要求。為了發揮組織的功能，其設計必須遵循以下原則：

1‧目標明確化原則

任何一個組織的存在，都是由它特定的目標決定的。也就是說，每一個組織和這個組織的每一個部分，都是與特定的任務、目標有關係，否則它就沒有存在的意義。所以，作為飯店的組織結構形式就要為飯店的經營業務服務，服從飯店的經營目標，使飯店的組織機構與飯店的目標密切相連，並把各級管理人員和全體員工組織為一個有機的整體，為提供符合社會需要的高品質服務產品和創造良好的社會經濟效益而奮鬥。人是組織中的靈魂，組織的建立只是為組織目標的實現創造了一定的條件。因此，組織設計要有利於

人員在工作中得到培養、提高與成長，有利於吸引人才，發揮員工的積極性和創造性。

2.等級鏈原則

等級鏈是組織系統中處理上下級關係的一種法規。等級鏈的基本含義是：飯店組織中從上到下形成若干管理層次，從最高層次的管理者到最低層次的管理者之間組成一條等級鏈，依次發布命令、指揮業務。該鏈條結構反映的組織特點是：

（1）強調層次管理。飯店管理組織必須根據飯店的規模、等級形成若干管理層次，提倡層層負責，原則上不越級指揮。

（2）強調責權統一。職責與職權是組織理論中的兩個基本概念。職責是指職位的責任、義務。職權是指在一定職位上，為完成其責任所應具有的權力。在等級鏈的原則中，各管理層次均有明確的職責，並擁有相應的權力。光有責而無權，則難以履行職責；而光有權而無責，也會造成濫用權力、瞎指揮，產生官僚主義。

（3）強調命令統一。命令統一就是要求各級管理組織機構，必須絕對服從它的上級管理機構的命令和指揮，每個管理層次的指令均應與上一級組織的指令保持一致，而每一個員工原則上也只有一個上級，只聽命於直屬上司的領導。誰下指令誰負責任。當然，下級在執行上級的指令時，不是簡單地複述上級的指令，而應在不違背上級指令的同時，結合本身的實際情況而有所發揮，有所創造。

3.分工合作原則

分工就是按照提高管理專業程度和工作效率的要求，把單位的任務、目標分成各級、各部門、各個人的任務、目標，以避免形式上共同負責，而實際上職責不清、無人負責的混亂現象。合作就是在分工的基礎上，明確部門之間和部門內的協調關係和配合方法。

堅持分工合作的原則，關鍵是要儘可能按照專業化的要求來設置組織結構，在工作中，要嚴格分工，分清各自的職責，在此基礎上，要把相關的合作關係透過制度加以規定，使部門內外的協調關係走上規範化、標準化、程序化的軌道。

4. 管理跨度原則

所謂管理跨度，是指一名上級領導者所能直接、有效地領導的下級人數。由於每一個人的能力和精力是有限度的，所以一個上級領導人能夠直接、有效地指揮下級的人數是有一定限度的。根據「法約爾跳板」原理，隨著飯店規模的擴大，管理層次也就相應增多，形成一個金字塔形狀。當然，一名飯店管理者具體能領導多少員工還取決於上下級的工作能力、工作的複雜性、工作標準化與程序化的程度、資訊溝通的方式，以及管理者自身的經歷、能力、經驗和外部環境的變化等多種因素。

5. 精簡高效的原則

所謂精簡高效的原則，就是在保證完成目標，達到高品質的前提下，設置最少的機構，用最少的人完成組織管理的工作量，真正做到人人有事幹，事事有人幹，保質又保量，負荷都飽滿。為此，飯店管理組織機構中的每個部門、每個環節以至每個人都為了一個統一的目標，組合成最適宜的結構形式，實行最有效的內部協調，使事情辦得快而準確，而且極少重複和扯皮，具有較靈活的應變能力。

（三）飯店組織設計的內容

飯店企業組織設計是飯店企業組織工作的要點所在，透過飯店組織的設計，確定和維護飯店組織內部相互關係，形成一定飯店組織模式，並且還要建立飯店內部管理體制，以利於企業組織的內部協調。飯店企業組織結構設計的內容主要包括：

1．選擇飯店組織管理總體模式

企業組織總體模式有直線制、直線職能制、事業部制、超事業部制、矩陣制結構、多維立體組織結構以及委員制組織結構等。飯店組織管理總體模式的選擇既應根據飯店的性質、規模、環境等客觀條件，又要充分考慮飯店企業的策略、目標和任務等要求。與此相聯繫的是內部的組織管理形式，目前主要有以下三種形式：一是總經理領導下的駐店經理制。這一形式的特點是總經理對飯店全面負責，並主管主要職能部門，而日常的業務運行則由駐店經理負責，即相當於運行總經理。駐店經理下面一般設總監，總監下設若干部門。二是總經理領導下的副總經理分工負責制。這一形式的特點是總經理全面負責，並主管自認為重要的部門，如人力資源、財務等，副總經理則按業務專長、管理能力等分管相應的部門，分管部門對分管副總負責，副總對總經理負責。三是總經理負責制。這種形式的特點是所有部門都對總經理負責，副總經理不分管部門，作為總經理的參謀和助手，主要幫助總經理做好協調控制和專項工作。

2．飯店組織機構的設置

任何一個飯店組織系統，它不僅要與外部保持必要的聯繫即輸出與輸入，而且在組織系統內部還要形成一個封閉的回路；只有構成回路封閉的關係，方能形成相互制約、相互作用的力量，從而保證各分工結構按照科學的軌道行動，才能達到有效管理的目的。為此，飯店組織必須具有決策機構、執行機構、監督機構和反饋機構四類基本的職能機構。首先飯店必須有決策機構，對飯店經營管理的目標、方向、業務、策略等作出抉擇。決策機構的設計，關鍵在於科學性和民主性。當飯店組織的決策機構作出決策後，必須有執行機構來執行這個決策。沒有準確有效的執行，飯店就不可能有正常的運行、效率和效益。執行機構的設計關鍵是要建立以總經理為

首的業務指揮系統，強調自上而下、逐級負責和一對一的原則。為了保證有效的執行，還必須設立監督機構和反饋機構。沒有監督，執行機構就失去了制約力。

沒有反饋機構，領導者就無法知道飯店組織的運轉結構與決策指令是否有偏差，會使整個管理活動陷入情況不明的盲目狀態之中。

3．管理層次和管理幅度的確定

飯店管理層次的多少與某一特定的管理人員可直接管轄的下屬人員數即管理幅度的大小有直接關係。在一個部門中操作人員數一定的情況下，一個管理人員能直接管理的下屬數越多，那麼該部門內的組織層次也就越少，所需要的行政管理人員也越少；反之，一個管理人員能直接管轄的員工數越少，管理人員就會越多，相應地組織層次也就越多。管理幅度的大小，主要取決於以下幾個因素：

（1）管理者的能力。管理者的綜合能力、理解能力、表達能力強，就可以迅速地把握問題的關鍵，就下屬的請示提出恰當的指導建議，並使下屬明確理解，從而縮短與每一位下屬接觸所需的時間，管理幅度就可以大一些，反之則小。

（2）下屬的成熟程度。下級具有符合要求的能力、訓練有素，則無須管理者事事指點，從而減少向上司請示的頻率，管理者的管理幅度就可加大，反之則小。

（3）工作的標準化程度。若下屬的工作基本類同，指導就方便，管理幅度可大一些；若下屬的工作性質差異很大，就需要個別指導，管理幅度就小。

（4）工作條件。如助手的配備情況、資訊手段的配備情況等都會影響到管理者從事管理工作所需的時間，若配有助手、資訊手段先進、工作地點相近，則管理幅度可大些。

（5）工作環境。組織環境穩定與否會影響組織活動內容和政策的調整頻率與幅度。環境變化越快，變化程度越大，組織中遇到的新問題就越多，下屬向上級的請示就越有必要、越經常，因此，環境越不穩定，管理人員的管理幅度越小。

在管理幅度確定的情況下，我們就可以根據操作人員數的多少和各管理者管理幅度的大小，計算出所需的管理人員數和相應的組織層次。

4．建立組織管理制度

飯店組織是一個複雜的系統。為了保證這個系統的正常運轉，發揮出組織的最大效能，必須有一套嚴格的規章制度。組織管理制度主要包括各級組織及相關管理者的職責。

三、飯店職位設計

職位是飯店組織系統的細胞，是責任、權力、素質、利益的有機結合體。職位設計是將實現企業目標必須進行的活動劃分成最小的有機相連的部分，以形成相應的工作職位。活動劃分的基本要點是工作的專門化，即按工作性質的不同進行劃分。

由於每個人的能力都是有限的，不可能完成大量的不同任務的工作。

透過工作的專門化，使得每一個成員或若干成員能完成有限的一組工作。工作職位設計時要注意以下要點：

（一）合理分工是職位科學設計的基礎

合理的分工可以增強專業化程度，提高工作效率。但是，分工過細會使工作變得重複而瑣碎，影響員工的工作情緒與興趣。職位設計應考慮到員工對工作的滿足感。許多研究表明，工作內容的豐富化與擴大化能夠提高員工的工作興趣，提高員工的工作積極性。

（二）職位設計必須以責任為中心

責任是職位存在的理由，也是職位在飯店業務活動中的地位與價值。根據責任賦予相應的權力，冠以特定的名稱，再確定必要的素質要求，即任職資格，然後設計相對等的待遇。

（1）責任。責任是飯店進行職位設計的核心內容。在確定了組織結構後，一定要規範組織內部每個員工的工作，明確每個職位的責任，做到職責分明。這樣便於管理者加強對員工的監督，調動員工的工作積極性。

（2）權力。每個職位上的人員在承當責任的同時，還應該具有相應的職位權力。例如，總臺接待服務員有5%的房價折扣權；客房服務人員有權在住宿客人投訴，並確信飯店有過錯的情況下，向客人贈送鮮花水果。

（3）名稱。在對職位進行設計時，要避免名稱的千篇一律，缺乏可操作性，甚至互相模仿。對於職位名稱的設計，除了體現工作特點和職權範圍外，名稱的設計還可以作為一種激勵手段來進行使用，讓員工覺得在飯店的發展前途是一片光明的。例如，前臺營業部門的領班可稱為服務經理，總臺領班可改為接待服務經理，餐廳領班改為餐廳服務經理，客房領班改為樓面服務經理，一定年限的服務經理，可稱為高級服務經理。這樣既符合其工作性質和職權範圍（其最基本的職責是飯店服務品質的控制），又使飯店前臺的基層管理者有了一個好聽的名稱和良好的職業發展通路。

（4）素質。素質是對員工任職資格的要求和標準。各職位的責任與權力不同，因而素質要求也就不盡相同。它主要透過工作分析加以確定，重點是要找到關鍵要素和核心能力。如飯店營銷人員的關鍵要素是心理素質，核心能力是溝通能力。其餘都是參考標準。

（5）待遇。要想留住優秀人才，必須要有相應的物質待遇作為保障。在設計與職位相匹配的待遇時，要體現各盡所能、按勞分配的原則，根據職位要求的不同，設計不同的待遇標準。

（三）職位設計要兼顧內部員工素質與市場供需狀況

職位設計必須以目前飯店員工的素質為基礎，同時考慮人力資源市場供需狀況。如果僅僅從理想化的角度來設計職位而無人能夠勝任，對飯店經營與管理無任何好處。

（四）職位設計要注意新技術的影響

技術創新可以創造新的工作職位或改變原有工作職位的要求。如用資訊技術對飯店資訊系統進行改造或升級，就產生了維護電腦硬體和軟體運轉的新職位，總服務臺訂房員的工作內容也發生了很大變化，同時，資訊技術的使用提高了工作效率，減少了人力需求的數量。

第三節 飯店企業機制

規定是企業組織管理過程中藉以引導、約束、激勵全體組織成員行為，確定辦事方法，規定工作程序的各種章程、條例、守則、規程、程序、標準、辦法的總稱。「沒有規矩，不成方圓」。要提升飯店企業策略的執行力，就必須建立完善的飯店規制體系。飯店企業的規制，除了飯店的基本制度（企業制度、領導制度、組織制度）外，主要還應遵循以下三項規制。

一、業務體系

業務體系說明一個組織中的各項工作是按怎樣的流程進行的（業務流程），在這一過程中各部門之間的關係是怎樣的（部門接

口），各職位的各項工作要怎麼做（職位工作方法和工作標準），組織將如何來進行監督管理（管理標準和檢查方法）。

（一）業務流程

科學的業務流程是飯店有效運行的保證。業務流程是企業為顧客提供產品或服務的全部活動過程及應完成的各項活動的時序安排。管理專家姜汝祥曾說過：「流程是將說的轉化為做的唯一出路。」經營者的重要任務之一就是設計業務流程，一線員工可以按照設定的流程來工作。飯店業務流程的制訂，要注意以下要點：

1．提煉業務流程

飯店業務活動的構成要素很複雜，內外聯繫也很緊密，員工每天都圍繞各種各樣的業務展開工作。因此，管理者必須透過各種規制來規範和駕馭員工的工作網路，提煉出關鍵的業務並進行科學的流程設計，以此來保障飯店整體業務的順暢運作，切忌鬍子眉毛一把抓。有了系統的業務流程，就要求管理者細化流程中的每個流程點了。流程的流動順暢有賴於流程點的目標明確，內容細化。每個流程點都代表了一項具體的業務工作，每個部門在處理這些工作時都應該按照統一的規範來執行。

2．體驗顧客流程

就飯店企業來說，需要重點關注的是顧客服務流程，即企業為顧客創造價值的全過程。要分析與理順顧客服務流程，經營者的視野必須超越企業內部現有的業務活動範圍，考慮整個產業鏈的顧客價值創造過程。從顧客遇到現實問題、尋找解決方案、購買解決方案、實施解決方案、提升解決方案的全過程，考慮如何改善顧客服務流程。

因此，任何飯店企業都有必要從提升顧客價值的角度，體驗顧客滿足自身需求的過程，從而設計精簡、高效的業務流程。

3·明確運作部門

在飯店這個龐大的運作系統中，除了有部門內的運作外，還涉及很多跨部門的橫向聯繫，每一項業務的圓滿展開都要很多部門的配合，於是在運作中就要求明確誰是主導部門、誰是參與部門、誰該承擔什麼責任，以及應該有什麼權限等等，這些內容都必須在業務流程中反映出來，這相當於在給各個部門定位，明確規範部門及員工的行為，督促各部門各司其職，各負其責，確保流程的高效運轉。

4·規定運作時間

流程的運作時間是企業效率的直接體現，一是每個流程點要運作多長時間（規劃預期），二是每個任務的處理時間（效率）。例如，飯店的改制要在多長時間內完成；每個樓層服務人員整理客房的時間是多少等。透過對操作時間的規範，能極大地提高員工的執行效率。

5·制訂評估標準

在飯店中一定要有一個公平、公正、公開的評估標準，以此來保障業務流程的效率與品質，使操作與評估能形成雙向流動，過程與結果能相互傳遞，真正實現以業務流程來推動工作展開的目的。

（二）操作程序

在明確飯店企業業務流程的基礎上，可以設定如何做事情的操作程序。操作程序涉及某些職位工作標準、工作方法、技術規程等，是針對飯店業務活動過程中大量存在、反覆出現的，又能摸索出符合科學處理辦法的作業處理規定。操作程序是在經驗累積的基礎上，進行進一步概括的工作程序與處理辦法，其所規定的對象均具有可重複性特點，程序性很強，因而是企業用來處理常規化、重複性問題的有力手段。

（三）管理制度

管理制度是對企業管理各基本方面規定活動框架，調節集體合作行為的工具，是用來引導、約束、激勵集體性行為的、成體系的活動和行為規範，如人事管理制度、安全管理制度、財務管理制度等。在組織管理的體系中，有相當一部分是管理制度，它是單獨分散的個人行為整合為有目的的集體化行為的必要環節，是企業做好顧客服務、提升顧客價值的激勵與約束機制，是保證飯店管理的業務流程順暢、便捷、有效的基本手段。

二、考評體系

績效考評是對被管理者的工作行為狀態與行為結果進行考核評估。透過建立科學合理的業績評估體系，分析飯店整體服務狀況與經營狀況，瞭解飯店的人才儲備與使用狀況，可以決定加強哪些方面人才的培養和採取哪些激勵手段以進一步發揮人才的效率與效益。飯店對員工的考核評估必須讓他們明白，他們出色的工作會得到飯店的賞識和鼓勵。飯店對員工的考核除了以具體數據作為標準如客房出租率、利潤率、重複入住率等外，還要對他們的行為進行評估。

（一）業績評價

飯店業績評價體系實際上是飯店管理的導向，應根據飯店管理的目標加以設定。飯店經營者透過對內外環境的分析，設定相應的策略目標，選擇實現既定目標的企業策略，將企業策略落實到部門、員工，並分解成幾項關鍵任務。這是業績評價體系建構的基本依據。飯店的業績評價體系必須能客觀地反映各項任務的完成狀況，從而為企業的薪酬分配、人員安排與方向修正提供基礎。

（二）實施機制

績效實施機制是一個透過提出具體實施措施、建立運作程序、

將業績評價體系轉化為考核與控制員工行為的體系。績效實施一般透過人力資源部與各部門及其下屬來共同完成。高層管理者（如主管人力資源的副總裁）主要對實施過程與結果進行評價與控制。績效實施機制能幫助員工提高技能，糾正偏差，並對目標按需要進行修訂。管理者在其中應充分扮演好合作夥伴、教練員、記錄員的角色。

（三）考評要求

為了確保績效考評體系發揮激勵與約束員工的作用，應注意以下原則：

1．公開原則

評價標準、評價過程、評價結果要公開，防止出現暗箱操作，以使被評價人員瞭解自己和其他人的業績資訊。

2．公正原則

評價以客觀事實為基礎，與被評價員工提供的服務水平和工作績效直接相關。

3．公平原則

根據公平理論，員工更為關注的不是報酬的絕對值大小，而是報酬的分配是否公平合理，以及自己是否受到公平的對待。公平與否源於員工對自己工作的投入與所得同其他員工進行的比較。因此，在同一工作群體中，績效評估標準儘可能統一，以確保公平。

4．全方位原則

員工在不同的時間、不同的場合往往有不同的態度、行為與成果表現。為此，績效評價應多方收集資訊，建立起多層次、多管道、全方位的評價體系，以實現考評的科學化、系統化與制度化。

（四）考評週期

評價週期設定是績效考評體系的非常重要的一環。由於飯店的業務經營活動是一個連續的過程，績效考評工作也必須作為一項長期的工作來抓。一般來說，公司整體意義上的考評間隔期為半年。對於新投資項目來說，一般分為期中、期末兩個階段進行考評。但在實際操作上，應結合不同部門、不同工作性質，來設定相應的時間間隔。

（五）考評方法

在考評方法選擇上，需注意以下要點：

（1）考評方法必須注意適用性，即所使用的方法能準確反映員工的業績。一般來說，員工的業績表現可從三個方面來評估，即工作態度、工作行為與工作成果，考評方法必須能反映這些方面。在企業實踐上，所採用的評估方法多種多樣，一般包括以下三大類：①常規方法，如排序法、兩兩比較法、等級分配法等；②行為評價法，如行為評等法、行為觀察評等法、量表評等法、關鍵事件法等；③成果評價法，如目標考評法、指數考評法等。

（2）人力資源工作者或部門主管應向評估對象解釋所用的評估方法。

（3）考評者應持續不斷地對評估方法進行管理，保持考評方法使用的一致性，儘量不發生某一評估方法只使用一次的情況。

（六）考評分析

績效考評完成後，一定要對績效評估結果進行統計、分析，這一過程可以說是實現考評目的的必要手段，只有透過科學的分析才能全面掌握考評的結果，並有效指導下一步工作，以此來提高員工的執行力。一般說來，考評出來的結果大致可分為「優秀」、「合

格」、「不合格」三類，可以採取不同的方式對待：

1．對待考評「優秀」者

對於考評結果為「優秀」的人才，原則上要給予晉級和提升。對於一般的員工和技術人員，應該給以晉級。對於有管理潛能的員工，應給以提升。但需要引起注意的是，把他提升後，要給他以必要的培訓和指導，以保證提升上來的人能勝任新工作。對於管理人員，如有可能，應安排更高級別的職位。

2．對待考評「合格」者

考評為「合格」的員工，一般會占到員工的絕大多數，他們都達到了標準，但無突出業績。

當然他們也是企業的主力軍，可透過加薪、給予培訓機會和擴大工作內容等形式，加以激勵。

3．對待考評「不合格」者

考評結果為「不合格」的員工，只會是員工中很少的一部分，對於這部分員工，管理者要深入分析造成不合格的原因所在：是外界不可抗原因，還是員工自身的疏忽；失誤的形成是偶然的還是必然的；員工是否有改造的潛力等等。在進行全面、深入的考察分析後，可採取降薪、扣獎金、降職、職位輪換、離職等幾種處理方法。

三、報酬體系

報酬體系，表明的是組織對全體員工的承諾，即組織將給員工個人目標的實現提供怎樣的平臺。目的是讓優秀的員工有廣闊的發展空間，從而使員工願意將自己的一生獻給企業。飯店的報酬包括物質報酬，諸如福利、職位薪資、津貼、業績獎罰金、效益獎罰金、特殊貢獻獎、股利分紅等；精神獎勵，如形象、職位、榮譽、

各種學習機會等。

（一）薪酬分配

根據員工的工作績效，決定員工應得的薪資、獎金、福利，這是報酬體系的基礎。

（二）職務調整

工作業績的情況反映了個人對組織所作貢獻的大小，並能反映員工適應當前職位的程度，由此為職級調整提供依據。職級調整的具體措施包括職務任免、職級提升、職務輪換等。如根據考評，發現某位員工的領導才能出眾，飯店可以給他輪換職位，讓他依次分別擔任同一層次不同管理職務，或不同層次相應職務，以全面培養他的管理能力與溝通技巧。

（三）潛能開發

透過績效考評與反饋，可使員工明確在工作上的優勢與不足，發掘員工的潛能，以及瞭解員工是否適合現有的工作職位。對於有潛力的員工，可將其調到更具挑戰性或發揮其潛能的職位。對於在某些方面表現不佳的員工，應展開有針對性的培訓，使他們能在現在與未來工作職位上達到組織的要求。因此，飯店應加強員工的潛能開發工作，以讓員工掌握更多處理常規與應急事情的能力，從而提升飯店整體的執行力。

第七章 飯店快樂工作管理

導讀

　　飯店策略能否有效實施，並取得預期效果，最終取決於飯店員工的素質和積極性的發揮。從某種意義上說，策略管理=方向正確+運作高效+心情舒暢。

　　所以，如何讓員工快樂工作，這是飯店策略管理的重要環節。本章第一節主要分析快樂工作的管理理念。第二節主要從尊重、理解和關心的角度，提出營造快樂工作氛圍的基本思想。第三節主要從激勵機制的角度，闡述如何搭建快樂工作的平臺。

第一節 快樂工作的管理理念

　　要想讓員工快樂工作，關鍵在於營造良好的人才成長環境，讓人才有用武之地，並能得到相應的回報。而要達此目標，首先必須確立正確的人力資源管理理念。因為觀念決定行為，思路決定出路。

一、 適用就是人才

（一）人才理念

　　根據中國有關部門的規定，對人才一般有三種界定：①從知識角度來說，是指具有大專以上學歷的人；②從技能角度來說，是指具有初級專業技術職稱以上的人；③從成就角度來說，是指有專門技術、發明創造，在某個或某些方面作出特殊貢獻的人。而飯店企業堅持適用就是人才的理念，則表明只要勝任本職工作的人，都是

企業的人才，都應得到相應尊重和重用而具有廣闊的發展天地。堅持這一理念，有助於調動全體員工的積極性，而不僅僅是某一些人的積極性。中國的一些飯店企業之所以員工流動率居高不下，服務品質和經濟效益每況愈下，原因之一就是飯店經營者眼裡只有幾個「明星」，只熱衷於高薪引進所謂的職業經理人和技術人才，而忽略絕大多數員工的利益，這就勢必造成「空降兵」與「地勤兵」的矛盾，從而導致有人有力使不出，有人則有力不願使。

（二）招人理念

　　適用就是人才，就是要招用合適的人，並不是素質越高越好。至於合適，主要體現在三個方面：一是適應飯店行業的要求，即飯店職業人。如強烈的職業意識，積極的職業心態，良好的職業習慣，特殊的職業技能。二是適應特定企業的要求，即企業人。不同企業有不同的企業文化和管理風格，對人才也有不同的要求，在某企業如魚得水、春風得意的人，也許換了一個企業，這個人就難以發揮同樣的作用。三是適應特定職位的職業要求，即職位人。職位是組織的細胞，是責任、權力、名稱、素質和利益的結合體。對從事不同職位的員工的素質要求主要透過飯店的職務說明書來表達，其中列出了完成某項工作的人所必須具備的素質和條件。這裡的關鍵是要找到關鍵要素和核心能力，即決定能否勝任該職位工作的關鍵素質。然而，中國一些飯店往往對此缺乏足夠的研究。例如把身材、年齡、學歷、經驗等作為關鍵要素，在招聘廣告中列為必要的應聘條件。其實，這些要素應酌情而定，對於新建飯店而言，經驗是關鍵要素，而對於老飯店而言，並不是必要條件。飯店招聘員工，既要講究與企業的匹配，也要講究與職位的匹配。目前中國的一些飯店之所以留不住人才，一個很重要的原因就在於招進來的人並不適合自己的企業。要嘛是文化衝突，無法生存而被迫離去；要嘛是品貌、學歷、能力等過剩，心有不甘而另攀高枝。

（三）用人理念

適用就是人才，就是講究能位相稱，職得其人，人盡其才。大材小用、學非所用是埋沒、浪費人才，而小材大用，強人所難則會斷送事業。要做到能位相稱，關鍵必須注意科學的測評考核機制，做到知人善任，按照人員的能力水平及特長分配適當的工作，使每個人既能勝任現有職務又能充分發揮內在潛力。此外，還應處理好利用、使用、重用這三個用人的層次關係，並制訂相應的用人制度和策略。

二、有位才能有為

在中國的一些飯店企業，我們經常可以聽到這樣一句話：「有為才有位」。我們認為這是每個員工自己應該確立的理念。能力不是自己吹的，而是在實踐中閃光的；職位不是領導給的，而是靠實績爭取的；薪酬不是企業發的，而是靠自己創造的。但是，作為組織，則應確立「有位才有為」的理念，即飯店企業應遵循發展才是硬道理的思想，注重企業的持續發展，為員工的晉升創造空間；同時，必須注重職業生涯的管理，為員工的發展提供平臺。為此，飯店企業必須做到以下幾點：

（一）給員工以工作選擇的理念

一個人的工作成就，除了客觀環境的制約外，從主觀上來看，既取決於他自身的實力，同時也取決於他的努力程度。而一個人的工作的努力程度則主要取決於他對工作的興趣和熱愛。

根據行為科學的理論，人只有在做他喜歡做的事情時才會有最大的主觀能動性；工作適合他的個性素質，才可能最充分發揮他所具有的能力。所以，為了激發員工的工作熱情，更好地發揮其才能，企業應在條件許可的情況下，儘可能尊重每一個人的選擇權，並且熱情鼓勵大家勇於「自薦」，在使用過程中，要儘量滿足人才

在成長和目標選擇方面的正當要求，努力為他們創造必要的條件，推動他們進入最佳心理狀態，盡快成才。

（二）給員工以職業規劃的理念

新進入飯店的員工處於職業探索階段，對職業缺乏客觀的認識。對此，飯店應建立科學的職業規劃制度，設置合理而可行的目標和達標途徑，以幫助他們正確規劃自己的職業生涯。具體地說，首先，飯店應建立科學的績效評估制度，瞭解員工現有的才能、特長與績效，評估他們的管理和技術。其次，飯店要幫助他們設置合理的職業目標，並提供必要的職業發展資訊。第三，飯店要建立必要的溝通制度，使雙方的價值觀和願景達到統一，並幫助工作滿意度低的員工糾正偏差。同時，接受員工的申訴，以避免由於種種原因而壓制員工的不良現象。

（三）給員工以表演機會的理念

飯店作為一個高競爭度的、勞動和資金密集型的傳統產業，其人力資源政策一般應堅持內部培養為主、外部引進為輔的方針。為此，飯店應採取多種方式，給員工提供成長的平臺。飯店在經營過程中有不少臨時項目，如節日慶典、公關策劃等，飯店可就某個主題，採用招投標方式，由員工自由組合，組成項目小組，參與活動的設計與組織。飯店應給予充分授權和信任，並允許失敗。以此建立起的員工參與機制，既可以滿足員工自我成就的需要，激發員工的進取精神；又可以使他們在實踐中檢驗自己的實際水平，並磨煉他們的意志，培養他們的能力。當然，飯店也可以透過工作輪換，安排臨時任務等途徑變動員工的工作，給員工提供各種各樣的經驗，使他們熟悉多樣的工作，掌握多種職位的服務技能和服務程序，提高他們的協調能力，為日後晉升管理職位創造條件。此外，飯店還可以給予在基層職位工作了一定時期並有培養前途的員工一個見習管理職務，這樣做可以激發員工的工作熱情，鍛鍊他們的管

理能力；當然企業也可以透過對員工見習期的工作表現，考察他們的綜合素質和管理能力，為他們的晉升提供依據。應該說，職務見習是一種能為員工提供管理實踐並開發其潛力的有效手段。

三、人人都有缺陷

在與一些飯店管理者的交往中，常常有這樣一種感覺，他們總希望手下的員工是既積極又聰明、既聽話又能幹，即是完美無缺的。有這種美好的願望是可以理解的，但事實上十全十美的員工是不存在的。也就是說，每個人都是有缺點的。為此，飯店企業用人必須基於這一認識，注重揚長避短。

（一）疑人要用、用人要疑的理念

從理論上講，飯店用人應該堅持用人不疑，疑人不用的原則。但是，從實際上來看，如果用人不疑，則後悔不已，而疑人不用，則無人可用。因為「金無足赤，人無完人」，每個人都有短處，而認識一個人也有一個過程，正所謂「路遙知馬力，日久見人心」。對於一個人的品行、長處和弱點，一般需要在較長的工作實踐中加以檢驗。所以，飯店企業在用人過程中，應該堅持疑人要用，用人要疑，既要敢於用人，大膽使用新人和有缺陷的人；又要注意制訂科學的制度，對人的行為加以必要的控制，以制約人性的弱點。

（二）知人善任、用人所長的理念

人有所長，也有所短。所以，飯店管理者首先要有識才之眼，要善於發現每位員工的長處，要運用發展變化的觀點來選用員工，要對員工各項基本要素進行全面分析，並依據各項要素的發展趨勢，發現員工的潛質，使其潛能得到有效的開發。其次，飯店管理者要有用人之術，要根據員工的各項主要要素的能力，合理使用人才，並透過授權等方式，創造良好的環境幫助員工發揮潛能。第三，要注意人力資源的時效性特點，做到用當其時。

要善於利用人生不同時期的才能特徵，合理安排工作職位，使人生的不同階段都能散發出耀眼的光芒。要善於捕捉用人的時機，不拘一格，大膽、及時地把人才提拔到合適的職位，使人才才華最橫溢、精力最充沛的時期與其事業的巔峰時期同步，人才的成長與企業的發展同步。最後，飯店管理者要有容人之量，這既表現在要多看人長，少看人短，又表現為對員工工作過失的包容諒解。

（三）群體組合、協調發展的理念

既然每個人都是有缺陷的，因而必須注重群體整合。在人員配置中，不僅要強調人員與工作的相互匹配，而且要注重群體成員之間的結構合理和心理相容，充分注意個體才能和群體結構的完美組合，使每個人的特長得到最合理、最充分的發揮。為提高群體的相容度，在組合群體成員時，首先要求各個成員在觀念、理想、信念上保持較高的一致性；其次要注意成員之間性格的協調與相容；最後要合理配置群體成員的年齡結構、性別結構、知識結構和能力結構。在合理組織的基礎上，可以形成群體成員之間心理素質差異的互補關係，促進群體優勢的發揮。

第二節 快樂工作的氛圍

人性化管理是一種在飯店管理過程中充分認識到人性要素，把充分挖掘人的潛能作為最終目標的管理模式。人性化管理是人性假設理論的直接應用，其目的是透過有效激勵，改變人的工作態度和價值觀，在保證較低成本的前提下，最大限度地調動員工的積極性，充分發揮員工的潛力，並為顧客提供更具人性化的服務。為此，管理者必須意識到，下屬或員工不應只是執行命令、評價和賞罰的對象，更應該是尊重、理解和關心的對象。

一、飯店的尊重管理

馬斯洛認為，尊重的需要是繼生理和安全需要之後的第三層次的需要，包括自尊和被外界尊重兩個方面。自己內心對自我的尊重可以使人精神煥發，做事精神百倍，而來自外界的名譽、地位、肯定又可以增強人們的自信心。飯店企業由於行業特點，在管理上大多實行等級較嚴格的責任人負責制，但這只意味著工作管理的規制，而每個人都是自己的主人，都有自己的人格尊嚴，在這一點上是人人平等的。透過外部的認可和尊重，激勵員工的自尊心和自信心，可以大大降低管理難度。在管理過程中，對他人的尊重意味著信任和人格上的平等。

（一）對員工勞動價值的尊重

尊重員工的勞動價值包括三個方面，一是肯定飯店所有職位的重要性。對於飯店來講，飯店的每個職位都有其內在價值，如飯店保潔工作與飯店經理的日常管理工作，雖然有分工和等級差別，但沒有貴賤之分，都是不可缺少的。二是尊重員工的勞動。對此，飯店管理者應該合理安排員工的職位，科學分配和指導工作，避免瞎指揮，以杜絕員工的無效勞動。三是肯定員工的工作成績。作為管理者，肯定他們為飯店做出的努力，物質獎勵是一方面，精神上的激勵也很重要。讚美、表揚傑出員工，讓他們為自己所做的工作感到自豪，是最廉價、最神奇的激勵方法，並有助於形成愉快合作的工作氣氛。

（二）對員工「自主性」的肯定

肯定員工的「自主性」，就是要把員工當作獨立自主的人給予尊重、信任，飯店內部應適度採用民主管理和自我管理機制。民主管理就是要讓員工參與決策，建立一種企業與員工的關聯體系。相反，如果員工感到自己對與自己有關的事情沒出一份力，自尊心就

會受到挫傷。

自我管理是民主管理的進一步發展。管理者要相信每一位員工的自主性，允許員工可以適當根據飯店的發展策略和目標，自主制訂計畫、實施控制、實現目標，即「自己管理自己」，以實現個人意志和飯店意志的統一。

（三）對員工「個體性」的肯定

對員工「個體性」的肯定，就是要更多地關注員工作為獨特個體的存在。事實上，員工經常考慮的是個人的地位、個人的利益、個人的價值，因為人們大都喜歡自己被當作個別的人而受到特殊的對待，因此，管理者在日常工作中應多從「個體」心態出發進行管理。

二、飯店的理解管理

理解是人們的共同需要。飯店需要社會和員工的理解，員工同樣也需要社會和管理者的理解。每個人都有自己的尊嚴和人格，需要得到社會的承認和別人的尊重。飯店員工的這種慾望往往會表現得更為強烈。因為飯店作為服務性的行業，要取得良好的社會經濟效益，就必須確立「顧客至上」的服務宗旨，即把客人當作「衣食父母」一樣，給予充分的尊重。但是飯店員工同樣也是人，他們同樣需要得到別人的尊重。理解包括瞭解和諒解，它比「尊重」、「信任」更能拉近員工與上司之間的距離。飯店的理解管理包括：

（一）理解員工的苦衷

飯店作為一個現代服務行業，既有一些比較優越的條件，如漂亮的建築，良好的工作條件等；但是，也有眾多的劣勢，特別是對於年輕人而言，更有許多苦衷。

1．工作時間的不穩定性

飯店一般實行每週工作五天（一些飯店還實行六天工作制）、每天八小時工作制，但由於飯店業務經營的特點，往往要突破這一界限，臨時加班現象較多，這使得員工難以掌握時間上的主動權，給員工安排自己的生活帶來了諸多不便。如有些年輕人就因為工作時間不穩定，導致了戀愛問題上的挫折，有些家庭也因此而時常產生摩擦。節假日往往亦需要加班，這在過去物質匱乏的年代，也許是增加員工收入、改善生活的一種辦法，但在現代條件下，則成了很大部分員工的一大煩惱。為此，飯店一方面應合理安排員工的工作時間，儘可能避免加班加點，保證員工的休息時間。另一方面，應逐步推行年休假制度，根據飯店的業務經營情況，安排員工渡假旅遊，從而使員工體會工作的價值和生活的快樂。

2．工作角色的特殊性

在社會生活中，每個人都必須充當一定的社會角色，並作為特定的角色與社會進行交往。飯店員工這一社會角色所從事的服務工作同其他工作一樣，既是自食其力和致富的手段，又是施展才能，為社會作貢獻的表現。但是，這一工作與其他工作相比，也有其特殊性：被認為是一種「直接伺候人」的工作。飯店員工與顧客的關係是一種服務與被服務，支配與被支配的關係。特別是當客人盡情地玩耍和享受，同飯店員工的辛勤勞動形成鮮明的對照時，他們的自卑感或不服氣感也就表現得極為明顯。正如許多服務員所說的：客人坐著我站著，客人吃著我看著，客人玩著我忙著。在當今飯店將顧客奉為「人上人」的服務氛圍下，客人有權「支配」飯店員工的勞動，挑剔飯店員工的毛病，而飯店員工卻只能逆來順受，即使客人有過錯或無禮舉動，飯店員工也要忍耐、寬容。有時儘管員工盡了最大的努力去為顧客服務，可能仍避免不了衝突和意外的發生。這在整個社會的精神文明尚未達到一定高度、有些客人的素質確實不高的情況下，作為飯店的員工有著說不盡的委屈和苦衷，不公平感也往往油然而生。因此，在處理顧客投訴時，飯店管理者既

要注意給顧客留足面子，也要注意維護員工的自尊心，避免員工產生人格剝奪感，充分理解員工的苦衷，讓員工感到一點安慰。

3．工作要求的特殊性

作為直接面對顧客的窗口服務行業，為了保證正常運行，並塑造良好的形象，幾乎所有的飯店都制訂了嚴格而具體的紀律和規範。如儀表儀容、衣著打扮必須按飯店的規定，在工作中，必須做到說話輕、走路輕、操作輕，不得大聲說笑及歌唱；在任何情況下，都不得和顧客爭吵；在顧客面前，必須保持永遠甜美的微笑等等。如有違反，都將受到不同程度的處罰。

可謂標準高、要求嚴。我們知道，飯店員工絕大多數是年輕人，這些工作要求和年輕人的特點是有極大差距的。因此，這就要求我們的員工必須時時克制自己，不能隨心所欲。即使在生活和工作中，碰到各種困難和煩惱，也要求進入職位就進入角色，努力忘卻心中的憂愁和煩惱，這不僅不是一椿輕而易舉的事，而且也易使員工產生一種壓抑感，加重員工的心理負擔。

作為飯店，一方面應根據人性化的原則，重新設計飯店的制度，儘可能為員工創造一個比較寬鬆和諧的工作氛圍；另一方面應注意展開一些有意義的文化體育和旅遊活動，豐富員工的業餘生活。

4．工作內容的單調性

從目前的情況來看，飯店工作大多屬於以手工勞動為主的簡單勞動，工作內容比較單調和枯燥，沒有技術專長，而各種制度、紀律又非常嚴格。所以，容易使員工感到工作純粹是一種任務，而不是一種樂趣、一種施展個人才能的機會。所以，科學地進行工作設計，制訂不同等級的工作內容和要求，使工作豐富化，就顯得非常必要。

（二）理解員工的過錯

在一般情況下，飯店的每一個員工都有上進心，都不願出現差錯。所以，出現差錯時，最難受的往往是員工本人。作為飯店的管理者，對員工由於客觀原因造成的工作過失，要以博大的胸懷去包容諒解，並給予改過的條件和技術上的支持。人無完人，做工作總不免要犯錯誤，犯錯誤並不可怕，關鍵是員工要從錯誤中吸取教訓並改正錯誤。管理者的批評教育應該是善意的，其目的不是責備下屬，而是讓他明白如何將事情做好。

（三）理解員工的抱怨

員工的抱怨，通常始於工作中的小事或不滿。對待員工的抱怨，要採取積極的態度，妥善處理。

1．樂於接受抱怨

抱怨無非是一種發洩，抱怨者需要聽眾，而這些聽眾往往是他最信任的那部分人。當管理者發現自己的下屬在抱怨時，通常不應該沮喪，更不應該憤怒，而要理解員工對與個體利益相關問題的態度，並將此時看作是達到雙邊滿意的解決方案的最佳時機。飯店管理者可以找一個單獨談話的環境，讓他無所顧忌地進行抱怨，你所要做的就是認真傾聽。只要你能讓他在你面前抱怨，你的工作就成功了一半，因為你已經獲得了他的信任。

2．儘量瞭解起因

任何抱怨都有起因，除了從抱怨者口中瞭解事件的原委以外，管理者還應該聽聽其他員工的意見。如果抱怨產生在同事關係或部門關係之間，一定要認真聽取雙方當事人的意見，不要偏袒任何一方。在事情沒有完全瞭解清楚之前，管理者不應該發表任何言論，過早的表態，只會使事情變得更糟。

3．做到平等溝通

實際上，80%的抱怨往往是針對小事的抱怨或者是不合理的抱怨，它來自員工的習慣或敏感。對於這種抱怨，可以透過與抱怨者平等溝通來解決。管理者首先要認真聽取抱怨者的抱怨和意見，其次對抱怨者提出的問題做認真、耐心的解答，並且對員工不合理的抱怨進行必要的指導和幫助。另外20%的抱怨是需要作出處理的，它往往是因為公司的管理或某些員工的工作出現了問題。對抱怨者首先還是要平等地進行溝通，先使其平靜下來，阻止住抱怨情緒的擴散，然後再採取有效的措施。

4．處理果斷準確

一般來說，在需要作出處理的抱怨中，大部分是因為管理混亂造成的，也有少部分是由於員工個人失職造成的。所以，規範工作流程、職位職責、規章制度等是處理這些抱怨的重要措施。在規範管理制度時，應採取民主、公開、公正的原則。對企業的各項管理規範首先要讓當事人參加討論，共同制訂，對制訂好的規範要向所有員工公開，並深入人心，只有這樣才能保證管理的公正性。如果是員工失職，要及時對當事人採取處罰措施，儘量做到公正嚴明。

三、飯店的關愛管理

關愛意味著關心和愛護。飯店員工也需要這種「有責任感」的關愛，具體方式包括：

（一）給員工以物質上的滿足

隨著社會的發展，人們在管理中越來越強調精神激勵的作用，如工作豐富化、挑戰性的工作、更多的安全感與成就感等。但是，一個人首先要從物質上滿足自己的基本生活需求。雖然有人認為金錢激勵有一定的副作用，但是無論對誰，更高的收入總是富有誘惑力的。給員工理想的物質利益，這是飯店企業對員工關愛的最基礎

體現。

（二）增加組織的人情味

人情味最能體現飯店的關心，並且很可能成為飯店的核心競爭力。瑪裏奧特的「大家庭氣氛」與「團隊精神」在飯店行業中聲名遠播。員工病了，管理人員親自去醫院看望；家裡有了麻煩，飯店無條件地伸出援助之手；員工情緒不佳時，上司主動與之交心。另外，彈性工作時間、為個別員工需求量身定做員工福利及發展計畫等，都無一不體現了企業對員工的關愛之心。

（三）充分的溝通與交流

溝通是人與人之間或群體之間傳遞資訊、交流資訊、加強理解的過程。飯店內上下之間、群體與群體之間、人與人之間溝通管道通暢，才能很快傳遞和交流資訊，體現民主、和諧的氣氛，引導員工為飯店或組織目標服務。這種社會性溝通的目的在於相互影響、改善行為。有效溝通的重要作用之一就是使飯店員工感到自己是飯店及飯店部門的一員，感受到飯店及所在部門的認可和關愛。

案例7-1

上海波特曼麗嘉飯店——創造快樂工作的環境

飯店作為服務行業的代表，贏得客戶滿意帶來的可能就是員工對高強度和大壓力工作的抱怨，但上海波特曼麗嘉飯店（以下簡稱麗嘉）員工敬業度由1999年的70％提升到2003年96％，顧客滿意度也從92％提高到97％。在著名的人力資源諮詢公司翰威特「最佳僱主評選」中，麗嘉已連續五次進入十佳。

對於到麗嘉來探尋成功秘訣的人們，總經理狄高志（Mark J.DeCocinis）喜歡勾畫出一個三層金字塔，來解釋一切的基礎來自於員工滿意度：「從下至上依次為員工滿意度、顧客滿意度和飯

店盈利，所以我最重要的工作就是要保證飯店的員工們在每天的工作中都能保持愉快的心情，他們的努力決定一切。」麗嘉並不諱言與所有的商業機構一樣，其經營的最終目標是不斷實現盈利；每位員工也明確瞭解自己是促成總體經營結果的一部分。他們的制服口袋裡裝著飯店統一的宗旨，其中飯店對員工承諾的第一條寫著：「在麗嘉，我們的紳士和淑女是對客服務中最重要的資源。」而這一點，也正體現了麗嘉處理一切員工事務的精髓要義。

一、選擇「合適的員工」

要使員工成為紳士和淑女，麗嘉的管理當局認為，選擇「合適的員工」特別重要。他們選擇的員工既要擁有從事不同職位所需的特殊天賦，其個性與價值觀也必須與麗嘉文化相符合。

只有同時具備了這兩方面，員工才會真正找到歸屬感，才會為自己的工作驕傲，才會有高敬業度和滿意度。為此，在飯店行業裡，麗嘉的招聘條件是出了名的嚴謹。麗嘉招聘有固定的六個步驟。一是HR面試，二是HR標準化面試，三是部門經理面試，四是直線上司面試，五是HR總監面試，六是飯店總經理面試。其中第二關——標準化面試與眾不同，是對「選擇對的員工」的保證。所有候選人回答的面試問題都一樣。他們的答案將會和標準答案進行比對，選取最接近的應聘者。標準答案是請諮詢公司選擇飯店行業內眾多成功人士回答這些問題時一致性很高的答案。所以，如果候選人的答案與這些行業精英類似，證明他具有飯店業所需要的優秀素質。

二、加強員工的培訓

要勝任本職工作，必須強化員工的有效培訓。麗嘉的員工基本守則裡有一條是：所有員工都必須圓滿完成其工作職位的年度培訓課程。飯店擁有一套非常全面、完善的培訓體系，保證每一個員工

一年有150個小時左右的培訓時間。這一數字相當於任何其他亞洲最佳僱主所提供培訓時數的兩倍。為了保證培訓效果，飯店會定期發出一些培訓需求的諮詢，根據員工的整體需要作出有關的課程安排。有些員工還會要求去外面讀書，只要是與工作有關的課程，如旅遊、英語、電腦等等，飯店就會替他支付繼續深造的費用。每個月各種培訓課程都會貼在人事部的告示欄裡，以供員工自由選擇，同時飯店還鼓勵員工跨職務、跨部門參加培訓。比如人事部有人去上烹飪班，餐飲部的可以去銷售部學習。這樣既增強了部門間的聯繫，又增加了員工的技能，為他未來的職業發展提供了更多的選擇。

三、尊重每個員工

麗嘉集團的全球總裁高思盟（Simon Cooper）說過：「我們提供專業的服務，但我們絕非僕人。」與此相對應的是，麗嘉提出「我們以紳士淑女的態度為紳士淑女們忠誠服務」的座右銘，時刻提醒全體員工作為專業服務人士，要以相互尊重和保持尊嚴的原則對待客人以及同事。只有重視自己，才會把自己當作飯店的主人，也才會彼此尊重。在飯店裡，一線職位的員工通常需要付出大量的體力勞動。但相對辛苦的職位並不會讓他們產生低人一等的感覺。其中的關鍵是波特曼麗嘉始終強調，每一位紳士淑女的工作，都是為飯店每天的成功運轉貢獻了重要的一部分。狄高志提起一位管事部的女士，她負責清潔客人們使用的那些精美的玻璃杯和瓷器。這位女士為自己的工作感到自豪，因為晶瑩剔透的器皿也是客人願意再次來到餐廳消費的原因；同時她覺得應該保證器皿的流通速度，否則會影響服務生為客人服務的心情。

此外，尊重員工，就必須充分肯定員工的個人價值。狄高志認為：「作為管理者，應當多花點時間去瞭解每位員工做了些什麼特別的事情，他需要什麼樣的鼓勵和肯定，要給員工一種作為個人被

認可的感覺，這對於讓員工保持積極心態是非常關鍵的。」當經理對一個部門或一個團隊說，「你們所有的人都很棒」，固然很好——但這與單獨對某一個員工說，「你這件事情做得很不錯」，留下的印象深刻程度是完全不同的。如果僅僅表揚集體，忽視個人需要，那麼從心理學角度來說，個人就會產生一種被漠視的匿名感。麗嘉從總經理到各級部門總監、主管都會經常在飯店巡視，關注每位員工的工作；平時也會注意收集自己員工的興趣愛好，在獎勵他們或在他們過生日時投其所好。狄高志談到了這樣一件事：在飯店大堂，有一位專職問候來店客人的員工NickHuang，他可以叫出飯店所有常客的名字，並用各國語言和他們熱情地打招呼。客人們都很喜歡他，看見他就如同看見自己的管家一樣親切。由於這份天賦，五年來Nick沒有換過職位，但為了表示對他個人價值的肯定，飯店每年都會提高他的待遇，目前他的級別相當於大堂副理（Chief Lobby）。「我感到非常滿足。」這位年近半百的紳士說道。

除了日常的關注和獎勵之外，飯店會在每個季度正式評選出五位五星獎員工和一位五星獎經理。這個獎項由員工們相互評選，只要認為是在此期間個人表現特別優秀的，都可以獲得提名。頒獎那天，飯店舉行一個由全體員工參加的隆重晚宴儀式，被提名的員工會得到一張認可證書。最後評選出的六位除了獲得獎金外，還被授予一座精緻的獎盃，以及一枚可以每天佩帶的五星徽章。隨後在年末，本年度的24位獲獎者中會再評選出年度五星獎，有機會到麗嘉集團在全世界管理的其他飯店中去分享經驗。

四、充分信任員工

為了使客人獲得更好的服務，麗嘉給每位員工2000美元的授權。在這個範圍之內，員工不用請示上級就可以在碰到突發事件時作出力所能及的決策，及時給客人滿意的答覆。麗嘉的信條中提

到：「麗嘉的服務經驗除了可令賓客身心舒暢外，甚至可以滿足客人內心的需求與願望。」為了做到這一點，每位員工為客人服務的主動性都被看重，飯店所做的就是信任他們，培養他們，並給予自由發揮才能的空間。狄高志強調信任是每一個人都需要的東西：「比如我自己，我很享受我的工作是因為我得到了充分的自由去對飯店負責，而不是每件事情都請示集團的總裁。」只有創造相互信任的氛圍，員工才會對工作感到滿意，並把這種信任提升為對工作的積極投入，用出色的服務提高客人的忠誠度，最終給飯店帶來回報。這是一個良性的循環。2003年上半年SARS期間，飯店沒有裁掉一名員工。「其實我們基本上不會解僱員工，總是盡力把他們留在飯店裡。」狄高志說，「特別是當出現了一些超出我們控制範圍的問題，而導致飯店的效益受損時，更不能將這種危害轉嫁給員工。」即使對那些一時表現不好的員工，人事部門也會仔細探求背後的原因：可能是最近家中有事使他無心工作；或是根本沒有人好好教他，他不會做；也可能他主觀上就不願意做這個工作。經過客觀的分析後，將分別有針對性地加以解決。如果有需要，還可以為他調換工作職位。

五、隨時敞開溝通之門

影響員工心情的常常只是一些小事，如果溝通管道不暢通，小事情得不到管理層的重視和解決，日積月累就會影響員工滿意度乃至敬業度。所以，在波特曼麗嘉，每位員工都被鼓勵尋找飯店運作中存在的弱點，並共同討論解決。麗嘉的溝通制度是：每天的部門例會上，員工可以向主管反映前一天工作中發生的小問題，大家一起回顧具體出錯的環節在哪裡；每個月的大部門會議，會討論員工滿意度的情況，向部門總監提出需要改進的地方，然後各部門會不斷跟進事情的進展；另外，每個月人事總監還會隨機抽取10個左右的各部門員工，一起喝下午茶。話題大到飯店硬體設施的維修，小到制服的熨燙，都會反饋到相關的部門加以解決。

狄高志每月也會邀請不同部門的員工與他一起共進早餐，問問大家最近的工作情況。作為飯店的總經理，他把70%左右的工作時間投入在與800名紳士淑女有關的事務方面。他認為自己瞭解員工需要和工作狀況的最好方式，就是走到每個員工的實際工作環境中，親身體會他們的感受，一起討論如何更好地改進。而員工們也可以自由地到總經理辦公室來，提出他們的建議和想法。「儘管我們每年都會進行員工滿意度的調查，但員工滿意與否是每天都要衡量的問題，而不是在進行某種調查時才存在。」狄高志這樣說。

第三節飯店快樂工作的平臺

要讓員工快樂工作，還必須建構員工能力的激勵機制，讓員工勤於工作，樂於工作。飯店的激勵機制主要有物質激勵機制、競爭激勵機制、文化激勵機制和領導激勵機制。

一、 物質激勵機制

物質激勵機制是飯店最基本也是最重要的激勵機制，主要透過飯店的薪酬制度反映出來。成功的薪酬制度可以吸引優秀的員工，降低員工的流失率，促使員工努力工作。

（一）物質激勵的內容

根據薪酬構成各部分的性質、作用和目的的不同，物質激勵的內容大體分為薪資、獎金、津貼和福利四個部分。

1．薪資

薪資是一個體系，一般由兩類要素構成：一類是人的要素，如員工的工齡、年齡、學歷、性別等個人因素和條件所決定的薪資額；另一類是工作要素，如員工的職務、職責、職能等決定的薪資

額。根據這兩大要素，薪資可分為四部分：由人的要素決定的標準生活費部分和能力薪資部分；由工作要素決定的職務薪資部分和職能薪資部分。在現代飯店中，並不是每個員工的薪資都包括這四部分，而且與工作業績和品質相關的薪資體系由於激勵作用的強化，正越來越受到青睞。

2．獎金

獎金也稱獎勵薪資，是飯店支付給員工超額完成任務或取得優秀工作成績的額外報酬，其目的在於激勵員工繼續保持良好的工作勢頭。獎金的發放可以根據個人的工作業績評定，也可以根據部門和飯店的效益來評定。獎金與其他薪酬形式相比，具有更強的靈活性和針對性，也更能體現薪酬的差異性。

3．津貼

津貼也稱附加薪資或者補助，是員工在艱苦或特殊條件下進行工作，飯店對員工額外的勞動量和額外的生活費用進行的補償。津貼的特點是它只將艱苦或特殊的環境作為衡量的唯一的標準，針對性很強，當艱苦或特殊環境消失時，津貼也隨即終止。

4．福利

根據中國勞動法的有關規定，員工福利可分為「社會保險福利」和「用人單位集體福利」兩大類。社會保險福利，指為了保障員工的合法權利，而由政府統一管理的福利措施，它主要包括社會養老保險、社會失業保險、社會醫療保險、工傷保險等。用人單位集體福利，指用人單位為了吸引人才或穩定員工而自行為員工採取的福利措施。

（二）物質激勵的原則和標準

不同的薪酬形式適應於不同飯店的需要。同一個飯店，不同的

工作部分，往往也需要不同的薪酬管理辦法。但作為一個整體的經濟組織，飯店的薪酬管理必須具有統一性，體現統一的原則和精神，才能使飯店的薪酬成為一個有機的整體。一般來說，飯店企業薪酬政策的制訂，需要注意以下五項原則：

1．競爭原則

在社會與人才市場中，飯店的薪酬政策要有吸引力。因此，飯店經營者必須重視市場調查，根據人才市場的供需狀況及同行業的薪酬水平，合理確定本飯店的薪酬分配體系，以增強市場的適應性與競爭力。

2．激勵原則

在競爭日趨激烈的今天，飯店薪酬管理的目的，已不再侷限於透過合理的勞動交易維持正常運轉，它的更重要也是更經常的目的是調動員工的工作積極性，提高勞動生產率，促進企業的發展。為此，飯店的薪酬分配必須注意：要有利於增強員工的責任心和團隊合作精神；要有利於員工刻苦鑽研技術，不斷提高業務水平；要有利於激發員工提高工作品質，提高企業經濟效益。

3．公平原則

員工對薪酬的滿意度，不僅取決於薪酬的絕對值，還取決於薪酬的相對值。從飯店內部來說，一個員工對薪酬的滿意度主要取決於其付出和得到與其他同類員工之間比較，當然也有不同職位之間的比較。為了體現公平合理，達到多勞多得的要求，飯店的薪酬政策必須做到：一是薪酬分配要有統一的、可以說明的規範依據；二是必須給員工創造公平競爭的條件；三是必須建立科學的考評制度；四是增強薪酬分配的民主性與透明性，避免「暗箱操作」。

4．有效原則

飯店薪酬政策必須符合《中華人民共和國勞動法》以及其他與之配套的行政法規的要求。同時，作為一個獨立的經濟實體，飯店必然要追求利潤最大化，必須注意薪酬分配的可行性和效益性，其薪資、獎金、福利支出必須適度，保證薪酬總額與人力成本的增長和營業收入的增長相適應；而個人向企業出售勞動力，也必然要追求滿意的收入和待遇。因此，企業在追求利潤最大化過程中對勞動力成本的控制，不能只減少人工費用，而應透過人工費用的合理使用，提高企業的整體效益。

5．時代原則

飯店薪酬政策的制訂，必須關注現行企業薪酬分配制度的發展與變遷，重視引入具有競爭力與創新性的制度。如可變薪酬制度──按員工業績與競爭優勢付酬，突破金錢、物質範疇，突出間接收入（福利）與一些非經濟性收入（心理收入）的作用；寬帶薪酬制度──突破行政職務與薪酬的聯繫，在同一職位建立很多薪資等級，讓最優秀的員工可以獲得與管理者相同級別的待遇。

（三）物質激勵制度的建立

員工透過薪酬不僅從飯店得到生活保障，而且得到自身價值的實現以及生活的樂趣。因此良好的薪酬制度具有明顯的激勵作用。

1．飯店薪資制度

薪資制度包含了薪資支付方式及薪資的升降政策。薪資制度設計要考慮以下幾個方面：①薪資政策的競爭力。有競爭力的薪資政策對飯店成功地招聘和留住人才至關重要。②薪資等級數和級差。薪資等級間的級差和每個級別內級差的確定要合理，讓員工感覺到薪資的差別和工作表現之間的關係，但級差過大，也會在員工間產生不公平感，降低合作精神、品質水平和長期忠誠度。③設立技能薪資。技能薪資（包括知識薪資）的好處是比較透明，容易讓員工

覺得公平，並會鼓勵員工學習與工作有關的技能和知識。

2．飯店獎勵計畫

與業績掛鉤的獎勵計畫，可以幫助企業留住合格的員工、提高勞動生產率、降低人工成本、提高員工與企業目標的一致性。飯店獎勵計畫包括個人獎勵計畫和團體獎勵計畫兩類。個人獎勵計畫適用員工的獨立性工作，包括計件獎勵計畫、標準工時計畫、佣金計畫、獎金計畫、知識（技能）薪資、績效薪資等。團體獎勵計畫適用於強調團隊合作的工作，包括成本節省計畫、利潤共享計畫和員工持股計畫。團體獎勵計畫與個人獎勵計畫相比，前者與員工個人表現聯繫得沒有那麼緊密，容易引起內部矛盾，需要根據不同環境採取不同的獎勵辦法。

3．員工福利

福利是一種吸引並留住員工、激勵員工、提高員工滿意度的有效手段，但由於福利與業績不掛鉤，因此它的激勵和提高滿意度的作用是值得商榷的。企業的福利一般包括強制性福利和選擇性福利。強制性福利是由國家或地方政府監督的福利，主要是社會保險和公積金，其他的包括病假、產假、喪假、婚假、探親假等政府明文規定的福利制度。選擇性福利是企業根據自身特點有目的、有針對性地設置的一些符合企業實際情況的福利，比如住房貸款利息給付計畫、帶薪休假、教育福利、子女教育輔助計畫等。

二、競爭激勵機制

競爭激勵的源泉來自於競爭帶來的壓力。由於競爭的存在，適度的壓力會激勵員工努力工作、發揮潛能。飯店競爭激勵可能來自於以下幾個方面：

（一）等級制度

飯店的等級制度是多方面的。首先，飯店組織存在一個等級鏈，從上到下形成各管理層次，這種組織上的等級制，無形中使員工形成職位級別上的競爭壓力，因為只有努力工作，獲得優異成績才能獲得高級別的職位；其次，飯店薪資也往往存在等級和級差，員工也只有透過良好表現和相互競爭，才能達到提升薪資等級、增加收入的目的。

　　（二）流動制度

　　能者上、平者讓、庸者下的流動制度，體現了公平的競爭機制。流動制度對員工形成競爭動力和壓力來自兩方面，一是內部晉升形成的競爭動力；二是淘汰制形成的淘汰壓力。為了免遭淘汰或得到晉升，員工會得到有效激勵，提高績效。對此，飯店一般應建立以下制度：雙向選擇制，內部晉升培養制，空缺職位公告制，管理職位競聘制，工作績效考評制。

　　（三）競賽制度

　　飯店裡的競賽主要是指員工在職業技能方面的競賽，它能夠促進飯店服務品質的改進和員工素質的提高。這種競賽制度可以分為兩個層次，一個是飯店外的各種職業競賽，它可以提高飯店的知名度和集體榮譽感；另一個是飯店內的競賽制度，它可以是由飯店外的競賽引導也可以是飯店自身設置的競賽項目。競賽也不一定是正式場合才有的。美國的費爾菲爾德旅館是瑪裏奧特飯店公司的一個分支，他們的客房清潔人員在特別繁忙的日子裡，可以「競標」打掃更多房間，每打掃一個房間就額外得到半小時的報酬，而優秀的「競標」員工則可以拿到相應的獎酬。

　　（四）獎罰制度

　　獎罰制度是飯店制訂的對員工的某些行為進行獎勵或處罰的制度。心理學認為，在行為發生以後給予獎勵或處罰刺激，具有維

持、增強或減弱、阻止該行為傾向的效果。獎勵是積極的，是對員工或其成果的肯定，是在人的上進心、榮譽感的基礎上，使個體能夠遵紀守法、負責盡職，並發揮其內在的最大潛能。而處罰則是對員工不良行為的一種否定的資訊反饋，受罰者往往會產生懼怕或焦慮的心理，給人以警惕，使人趨向完美，達到教育與防範的目的。

三、領導激勵機制

飯店領導者的領導素質和領導水平，決定著員工潛質的激發程度。領導者的良好行為、模範作用、以身作則就是一種無聲的命令，可有力地激發員工的積極性。

領導者對下屬的激勵主要取決於領導者的威信，也就是領導者的影響力，如號召力、感染力等。在實際工作中，則主要表現為下屬內心的信服度、信任度、崇敬度和行為的追隨度。其主要取決於三個方面：權力、素養和技巧。

（一）領導者的權力

在領導過程中影響他人的基礎是權力。自古以來，人類社會總是憑藉權力來維護秩序與穩定。從廣義上來說，如果某人能夠提供或剝奪別人想要卻又無法從其他途徑獲得之物，此人就擁有高於別人的權力。領導者的權力一般指領導者的職位權力。

職位權力是因為在組織中擔任一定的職務而獲得的權力，具有相對的穩定性。主要有三種：

法定權、獎賞權和懲罰權。

1．法定權

法定權，是指組織中等級制度所規定的正式權力，被組織、法律、傳統習慣甚至常識所認可。它與法定的職位緊密聯繫在一起，在其位就可謀其政，如飯店領導者對下屬具有支配權，下屬必須服

從領導的指揮，接受領導的工作指令；飯店總經理可代表飯店與其他單位簽訂合約等。法定權不一定透過領導者本人來實施，很多情況下可以透過組織內的政策和規章制度來實施。

2.獎賞權

獎賞權，是指決定提供還是取消獎勵、報酬的權力。比如飯店領導者可以根據情況給下級增加薪資、提升職務，賦予更多的責任、表揚等。誰控制的獎勵手段越多，他的獎賞權就越大。獎賞權源於被影響者期望獎勵的心理，即部屬感到領導者能獎賞他，使他滿足某些需要。

可見，被影響者是否期望這種獎賞是獎賞權的一個關鍵。例如，領導者給予某部屬一些重要責任，自認為對部屬是一種信任與提拔，但部屬卻認為這樣會使自己太累太忙，心裡感到不高興。在這種情況下，領導者實際上沒有真正實施獎賞權。

3.懲罰權

懲罰權，是指透過精神、感情或物質上的威脅，強迫下屬服從的一種權力。例如，飯店領導者可以給予員工扣發薪資、降職等懲罰。懲罰權源於被影響者的恐懼，即部屬感到領導者有能力將自己不願意接受的事實強加於自己，使自己的某些需求得不到滿足。懲罰權在使用時往往會引起憤恨、不滿，甚至報復行動，因此必須謹慎使用。

以上三種權力都與組織中的職位聯繫在一起，是從職位中派生出的權力，因此統稱為職位權力。飯店領導者要確立自己的威信，就必須正確使用權力。

（二）領導者的素養

領導者的威信取決於領導者的影響力，而領導者的影響力則主

要取決於領導者的素養。

　　領導者的素養是指在一個特定條件的環境下，領導者從事領導活動必須具備的基本條件，是領導者在先天稟賦的基礎上，透過後天的學習和實踐所獲得的德、識、才、學、體等各方面基本狀況的總和。

　　1．職業品行

　　職業品行是領導魅力的第一要素。「小勝者智，大勝者德」，即一個人要想取得一時的成功、一個比較小的事情上的成功靠智慧；但是要取得永久的成功，要成就大事，關鍵還是要靠「德」。因為職業品行決定飯店管理者是人還是「鬼」，這個「鬼」雖然可能能量很大，但這個「鬼」是「死鬼」，員工遠離你、討厭你、怨恨你，最後沒有人聽你、服你、幫你，因而你終將一事無成。飯店管理者的職業品行，主要表現在以下幾個方面：

　　（1）牢記使命。飯店管理者必須有強烈的事業心。不能把飯店工作僅僅作為謀生和提高生活品質的手段，而應該把它看作是體現自己社會價值的舞臺。因而，職業化的飯店經理人，能夠把社會的利益、企業的利益、顧客的利益和下屬的利益放在個人利益的前面。因為他懂得事業是為別人的，只有心中有他人，才能事業有成。

　　（2）恪盡職守。飯店管理者是在組織中從事管理工作並對此負責的人。其職責是：設計和維護一種環境，使身處其間的人能在組織內協調地工作，以充分發揮組織的力量，從而有效地實現組織的目標。為此，飯店管理者必須做好以下工作：一是計劃工作，即確立目標、制訂行動方案，著眼於有限資源的合理配置。二是組織工作，即組織設計、人員配備、權力配置，著重於合理的分工與明確的合作關係的建立。三是領導工作，即指導、協調、激勵，致力於積極性的調動和方向的把握。四是控制工作，即檢查和監督，著

力於糾正。

（3）正人君子。飯店管理者必須遵守國家的法律法規、社會道德規範和行業、企業的規制，做到為人正直，言而有信，不當小人。同時，要敢於承擔責任。管理者有權支配下屬的工作，當然也必須對下屬的工作表現和結果承擔相應的責任。一般來說，管理者按應承擔責任的大小，可以分為三類：領導責任、管理責任和直接責任。領導責任大都是一種組織責任，需要進一步完善提高，往往是不可避免的。管理責任是一種缺陷的責任，說明管理有漏洞，工作不到位。直接責任則完全是因為管理者的失誤而導致的不良後果。

2．職業情商

所謂情商，是指在對自我及他人情緒的知覺、評估和分析的基礎上，對情緒進行成熟的調節，以使自身不斷適應外界變化的調適能力。也就是一個人對自己的情感、情緒的控制管理能力和在社會人際關係中的交往、調節能力。飯店管理者的情商，主要取決於以下三個方面：

（1）認識自己的能力。認識自我，這是一個人情商的基石。有自知之明的人才有可能把握自己，處理好與他人的關係。要認識自己，飯店的管理者應問自己三個問題：我是一個什麼樣的人？我在團隊中屬於哪種角色？我此時處於何種狀態？

（2）控制情緒的能力。每個人都有兩面性，既有理性的一面，又有情緒的一面。在理性情況下，人一般比較沉著冷靜，考慮問題比較客觀，作出的決定比較理智，成功的可能性相對較大。而在情緒狀態下，無論是興奮狀態，還是憤怒、痛苦狀態，人一般比較衝動，考慮問題往往比較偏激，因而作出的決定也容易失誤。所以，飯店管理者能否控制自己的喜怒哀樂，是其情商高低的主要標誌。

（3）與人溝通的能力。飯店管理者情商的高低，最終是透過他與他人的溝通中表現出來的。飯店管理者必須提升自己的溝通技巧。在溝通的基礎上，人們才能相互瞭解、消除誤解、達成共識。溝通是人與人之間透過語言符號系統或非語言符號系統在情感情緒、態度興趣、思想人格特點等方面的相互交流、相互感應。因此，在溝通技巧培養上，需要關注以下四個要點：①認識他人是溝通的起點；②換位思考是溝通的基礎；③彼此尊重是溝通的準則；④溝通的結果是雙贏不敗。

（三）業務素養

知識就是力量，誰掌握了知識，具有了專長，就是有了影響別人的專長權。這種影響力源於資訊和專業特長，人們往往會聽從某一領域專家的忠告，接受他們的影響。專長與職位沒有直接的聯繫，飯店內部許多技師、專家，雖然沒有什麼行政職位，但是在組織和群體中具有很大的影響力，其基礎就是專長。飯店領導者要實施有效管理，不僅需要具備較高的政策水平，而且必須有較高的文化業務素養，具備一定的專業知識和足夠的知識跨度。從某種意義上說這是領導者智力的體現。有效領導者的智力總是較高的。高智力是優秀領導者的必要條件。

飯店領導者的知識結構主要由以下五部分組成：文化基礎；政治理論方面的基本知識；專業知識；現代管理知識及相關知識。這些知識一般透過自學和學校及企業的教育培訓來獲得。

案例7-2

開元旅業集團飯店產業後備高級管理人員專業理論培訓計畫

理論是行為之嚮導。飯店高級管理人員的知識結構和專業理論水平，直接關係到其管理的思路和水平，進而關係到企業管理的效果。為了提升後備高級管理人員的專業理論水平，特制訂本培訓計

畫（具體實施方案另發）。

一、培訓目的

本次培訓旨在拓寬受訓者的視野和思路，優化受訓者的知識結構，提升受訓者的專業理論水平。透過培訓，要求受訓者：

1．確立市場經濟和現代企業意識，提高政策理解水平和把握企業宏觀發展的能力。

2．確立現代營銷意識，提高把握市場機遇的能力和營銷策劃的水平。

3．確立法制意識，提高依法經營的水平和依法治店的能力。

4．確立現代管理意識，提高自身管理素質和整合企業內部資源的能力。

二、培訓內容

本次培訓時間為一年，培訓內容共分四大專題：

1．經濟專題

（1）學習內容：市場經濟理論，企業經濟理論，產業經濟理論，金融經濟理論，總體經濟理論，國際經濟理論，管理經濟學等。

（2）專題研討：市場經濟與企業發展之道，宏觀環境與飯店策略，飯店特徵與贏利模式。

2．營銷專題

（1）學習內容：市場營銷理論，消費者行為學，品牌經營原理，飯店營銷策略等。

（2）專題研討：如何建構飯店的營銷體系，如何打造名牌飯

店，如何策劃專項營銷活動。

3．法律專題

（1）學習內容：反不正當競爭法，消費者權益保護法，勞動法等法規和集團的主要規章制度。

（2）專題研討：國家法制與企業經營管理，飯店企業如何規避法律風險，如何有效執行企業的規制。

4．管理專題

（1）學習內容：管理學原理，飯店資訊管理，飯店人力資源管理，飯店財務管理，飯店管理者的修煉等。

（2）專題研討：如何提升飯店企業的執行力，如何建構飯店人力資源的管理平臺，如何建立科學的飯店財務管理體系，如何提升管理者的基本素質。

三、培訓方式

本次培訓主要採用以下方式：

1．專題講座

由專業理論導師和外請專家，就某些重點內容作專題講座。

2．讀書報告

由參訓人員，透過自學規定科目，寫出讀書報告，並在一定的範圍內進行交流。

3．專題研討

根據學習專題，定期就某些問題展開集中研討，以培養受訓者的思維能力和語言表達能力。

4．參觀考察

根據學習內容的需要，選擇集團內和集團外的飯店，進行現場考察，以增加感性認識。

5·項目設計

根據所學理論，結合飯店實際，撰寫一篇關於提升本飯店企業競爭力的研究報告，設計一個飯店專項營銷活動的方案。

6·論文寫作

在學習期間，撰寫一篇有理論深度和實際指導意義的論文，在公開發行的報刊和雜誌上發表。

四、培訓考核

本次培訓將根據受訓者的讀書報告、研究報告、設計方案、論文和研討時的發言，檢驗其學習效果。

（四）領導技巧

領導者要有威信，不僅需要有較高的素養，還必須在管理工作中注重領導技巧。

1·指揮技巧

飯店管理者一般是透過授予下屬職權、下指令、開會等形式來進行指揮的。

（1）正確授權。授權就是領導者將自己一定的職權授予下屬去行使，使下屬在其所承擔的職責範圍內有權處理問題，做出決定。實際上，就是領導者將自己不必親自做、下屬可以完成的事情交給下屬去完成。有效的授權是領導者必須具備的管理技巧，是否對下屬授權以及授予多大的權力與制度完善度、業務複雜度、對象成熟度、領導控制度等因素相關。按照授權的程度，授權形式可劃分為充分授權、彈性授權與制約授權等形式。

第一，充分授權。它是領導者允許下級決定行動的方案，並將完成任務所必需的人、財、物等權力完全交給下屬，並且準許他們自己創造條件、克服困難的一種授權方式。一般適用於工作重要性比較低的事項或管理機制非常健全和完善的部門。

第二，彈性授權。飯店管理者面對複雜的工作任務或對下屬的能力、水平無充分把握或環境條件多變時，宜採用彈性授權方式。在運用彈性授權時，領導者要掌握授權的範圍與時間，並依據實際需要對授給下屬的權力予以變動。如，實行單項授權，即把解決某一問題的權力授給某人，問題解決後即收回。

第三，制約授權。當工作性質極為重要或工作極易出現疏漏時，領導者不應充分授權，而可以採用制約授權的方式。制約授權是在領導授權之後，下屬個人之間或組織之間相互制約的一種授權方式。它將領導者對某項任務的職權，分解成若干部分並分別授權，以相互制約、相互牽制。

（2）善下指令。飯店管理者要學會下指令，否則下屬就會很痛苦，無所適從，不知從何處著手、該做什麼、從哪兒做起。

第一，指令的性質。根據對下屬的制約程度，指令大體可分為命令、要求與建議等三種形式。命令是下屬必須無條件服從的指令；要求是下屬必須執行，但可商量執行的條件和相關細節；建議是下屬可執行、也可不執行，但必須反饋的指令。飯店管理者應視工作的性質、難易程度、職權範圍、下屬成熟度等下達不同性質的指令。

第二，指令的內容。指令的內容必須明確具體，讓下屬易於執行，一般需包括以下七條內容：誰去做；做什麼；為何做；何時做；有什麼標準與要求；如何檢查與反饋；做好了有什麼結果。

第三，指令的層次。要注意逐級下達指令，避免越級指揮，導

致下屬無所適從。在緊急情況下，需越級下達指令時，事後則須及時與有關人士及時反饋。

第四，指令的形式。指令的形式有書面指令、網路指令、口頭指令、電話指令等。飯店管理者應依據事情的性質與輕重緩急，選擇合適的指令形式。

（3）開好會議。會議是領導者指揮工作的一種常用方法。開好會議需要把握以下四個要點：

第一，做好會議的準備。在會議準備上，有兩點必須要引起重視：一是儘量少開臨時會議，因為會影響有關部門與個人的工作安排；二是少開多議題的會議，或者說沒有明確議題的會議，這種情況往往效果不好。

第二，控制會議的時間。會議必須有一個較為詳細的時間順序安排，不要開馬拉松式的會議，以便相關部門和員工對以後的工作作出預先的安排。

第三，掌控會議的氣氛。會議的氣氛不要過於嚴肅也不要過於鬆垮，讓與會者在良好的氛圍下暢所欲言。會議的控制要圍繞議題展開，不要流於形式。

第四，注重會議的結果。會議的最後一個環節是總結會議的結果。任何會議都要有目的，一定要有成果。如果未達到預期目標，就要及時分析原因，並作出後續安排。

2．控制技巧

要有效地實現飯店企業的目標，必須掌握控制技巧，實現有效控制。飯店管理者對下屬及活動的控制，必須做到準確、及時、有效，具體可採用以下方式。

（1）前端控制。也稱事前控制。飯店管理者透過對系統環境

的觀察、規律的掌握、資訊的獲取、趨勢的分析，預測系統活動可能會發生的偏差，在其未發生前採取糾正措施，使可能的偏差不會發生。管理中的計畫、定額、標準、規定等都是典型的前端控制方式。

（2）實時控制。又稱現場控制或即時控制。有些偏差的發生，事前無法確切猜想，一旦發生又必須立即解決。如飯店管理者透過現場巡視，促使下屬按照服務規程操作並即時處理顧客的投訴。實時控制有賴於即時資訊的獲得，多種方案的事前準備，以及處理時的鎮定與果斷。這要求管理者必須注重深入現場、巡視檢查、掌握動態，及時糾正。

（3）反饋控制。也稱事後控制。透過對結果的衡量，並根據資訊反饋所發現的偏差，分析原因並採取措施。反饋控制由於具有事後性，因此往往是偏差已經發生、損失已經造成，且處理時有個時間延遲的過程。在使用反饋控制時，飯店管理者應把業績評價結果與獎懲措施緊密結合起來，並嚴格落實工作責任制。

為了實現有效的控制，還必須結合不同的部門、職位與個體，採取相應的控制手段。對於具體活動或程序比較清楚的工作內容，可採用表單控制法。對於具體工作程序難以明確的工作內容，應強化工作責任制度。為了使控制更為客觀，以及增加可比性，控制的標準要儘可能定量化。為了使員工保持警惕，及時發現與解決某些突發問題，管理者宜採取走動管理的方式，實施現場控制。此外，由於飯店是服務性行業，服務人員與顧客相互接觸中，社交性禮儀與情感交流極為重要。因此，員工的情緒狀態如何，直接影響其對客服務的品質。這要求飯店管理者懂得情感控制技巧，善於控制自己的情緒，盡力為員工創造心情舒暢的工作環境，使員工以良好的心境為顧客提供優質服務。

3．督導技巧

督導，顧名思義就是領導對下屬的監督與指導，它是領導的一項重要職責。透過督導可以加強領導與下屬的溝通，保障員工的服務品質，給予員工必要的支持。領導只有「積極友善」、「對事不對人」，才能有效改善、協調上下之間的關係。譬如，在督導過程中不要用「老是」、「我來做」、「從來沒有」等字眼；儘量一次只提一件事；在適當的時機提出批評和意見等。

根據權變觀點，不存在普遍適用的監督與指導方式。有效的督導行為取決於各飯店企業的環境、任務、群體與個人的特點，以及管理者與下屬的關係等因素。而且，下屬效能取決於其工作意願與工作能力。因此，在督導技巧上，重要的一個原則是：有針對性！即根據下屬的心理成熟度（意願）與任務成熟度（能力）選擇相應的督導方式：

（1）對於沒意願、沒能力的下屬，應採取指揮式。領導者具體指點下屬應當幹什麼、如何做，強調直接指揮。如果實在「朽木不可雕，孺子不可教」，可以透過合適的途徑讓其轉職或離職。

（2）對於有意願、沒能力的下屬，應採取教導式。領導者給予下屬一定的指導，同時注意保護與激勵下屬的積極性。領導應努力使他們的工作技能得以快速提升，並使員工維持對工作與生活的熱情。

（3）對於沒意願、有能力的員工，應採取鼓勵式。領導者與下屬一起做事情，給下屬以支持並調動其積極性。對於工作本身，領導其實不用擔心，關鍵是透過瞭解員工的愛好與需求，激發他們的工作積極性。

（4）對於有意願、有能力的員工，應採取授權式。領導者幾乎不加指點，由下屬單獨展開工作。透過給員工以更大的發展空間，從而發揮員工的潛力、留住人才，為飯店培養與儲備必要的優秀管理者。

4．激勵技巧

　　激勵是為了特定目的而去影響人的內在需要，激發人的動機，從而引導和強化人的行為的過程。透過關注員工需要，給員工以壓力和動力，激發動機，由此產生活力。首先，激勵的起點是員工的需要。管理者要掌握員工的需要，並努力滿足。千萬不要隔靴搔癢，下屬需要的東西你沒有想到，他要的東西你沒有給他。其次，激勵的關鍵是員工的動機。動機是在需要基礎上產生的，具有引發、維持與強化行為的功能。第三，激勵是一個持續的過程。這個過程包括三個階段：要讓員工願意做；要讓他能做好；做好以後繼續做。因此，有效的激勵即願意做、能做好、繼續做。最後，激勵的目的是調動員工的積極性，驅動員工行為，促進企業目標的實現。標準化是飯店控制服務品質、降低監督成本的有效方式，但也帶來許多明顯的問題。譬如，服務人員容易產生惰性，不願意發揮服務中的主觀能動性；刻板地照章辦事，影響服務效果，有時甚至與顧客對立。因此飯店管理者要努力以人為本，關注員工多層面的需要，使員工認識到組織在關心他們、重視他們、對他們寄予很高的期望。

　　實際上，領導激勵技巧的核心可概括為「為下屬創造利益」。假如一個上司不能為下屬創造利益，憑什麼讓別人跟著你？因此，領導者要經常問問自己，下屬為什麼要跟從你？為什麼忠誠於你？一般來說，如果做到以下三點，下屬肯定會心甘情願地跟從你：

　　（1）給面子。下屬跟著你要有面子，感覺受到了別人的真心重視、禮遇、讚賞，而不僅僅是形式上的客套。

　　（2）給位子。跟著你，是否年年有進步？資歷有沒有增加？能力有沒有提高？職位有沒有提升？

　　（3）給錢子。人畢竟是要生活的，我們說金錢不是萬能的，但沒有錢是萬萬不能的。因此，物質激勵還是處於非常重要的地

位。

　　若領導只想著自己，自己賺面子、自己撈位子、自己賺票子，那麼準沒有人跟從他，領導只會成為真正的「孤家寡人」。作為領導者，這「三子」你為下屬考慮了沒有？你為他們著想了、盡力了，人家就會跟著你，因為誰都願意「被幸福牽著走」。

後記

　　今天，全書終於完稿了，似有如釋重負之感。細想，感覺本書倒也有幾點值得說一說。

　　第一，本書定位，自以為還算明確，並指導了此書的寫作。本書主要為飯店經理人提供飯店策略管理的一些基本理念、原理、思路和方法。可以說是飯店經理人開啟策略之門的鑰匙和探索企業發展思路的嚮導。

　　第二，本書體系，自認為還算是嚴密合理，自覺有一定新意。從飯店策略決策前提的設定和具體分析到飯店策略的定位、飯店總體策略和核心策略的選擇，再到心態要素、機制建設、快樂管理三個層面的策略實施的保障體系，可以說是環環緊扣，步步深入。

　　第三，本書內容，自以為有所探索，並具有成效。既力求避免把人帶入策略管理理論的迷宮，使人覺得眼花繚亂，目不暇接，最終難辨東西南北；又試圖擺脫飯店日常事務的紀錄和描述，使人感到枯燥乏味，看而生厭，最終難有啟迪。可以說本書力圖做到理想與現實、理論與實踐的有機結合。

　　第四，本書的成果，可以說是集體智慧和集體勞動的結晶。要不是旅遊教育出版社賴春梅、董茂永老師的敬業精神和態度，對我的催促、關注和幫助，還不知道此書到什麼時候才能完稿；要不是我的同事周亞慶副教授、博士的鼎力協助，組織了初稿的寫作，也就不可能有現在的書稿；要不是開元旅業集團、遠洲集團、南苑飯店、最佳西方梅苑旅館、慈溪杭州灣大飯店等單位給我提供了眾多的素材，也就沒有能給我們以啟迪的經典個案。另外，李大元博士研究生、我的學生戴維奇、孔慶慶、劉婷、李娜及吳茂英參加了部

分章節初稿的寫作，為本書提供了有用的思路和素材。同時，本書在寫作過程中，作者參考和引用了國內外眾多學者的著作和文獻，從而進一步豐富了本書的內容。在此，謹向他們表示誠摯的感謝！

雖然我們已盡了自己的最大努力，希望能達到先進性和實用性之目的；但是，書中仍然會有許多不當之處，敬請各位批評指正。

鄒益民

飯店策略管理

作者：鄒益民、周亞慶

發行人：黃振庭

出版者 ：崧博出版事業有限公司

發行者 ：崧燁文化事業有限公司

E-mail：sonbookservice@gmail.com

粉絲頁　　　　　　網址

地址：台北市中正區重慶南路一段六十一號八樓 815 室

8F.-815, No.61, Sec. 1, Chongqing S. Rd., Zhongzheng

Dist., Taipei City 100, Taiwan (R.O.C.)

電　話：(02)2370-3310　傳　真：(02) 2370-3210

總經銷：紅螞蟻圖書有限公司　　網址：

地址：台北市內湖區舊宗路二段 121 巷 19 號

電話：02-2795-3656　　傳真：02-2795-4100

印　刷 ：京峯彩色印刷有限公司（京峰數位）

定價：450 元

發行日期：2018 年 7 月第一版

◎ 本書以POD印製發行